Au-delà des apparences

La dimension scientifique de la vie quotidienne

Données de catalogage avant publication (Canada)

Pepin, Raynald

Au-delà des apparences : la dimension scientifique de la vie quotidienne

Comprend des réf. bibliogr. et un index.
Publ. en collab. avec : *Québec Science*.

ISBN 2-89544-022-0

1. Sciences – Vulgarisation. 2. Technologie – Ouvrages de vulgarisation. 3. Vie quotidienne. 4. Culture scientifique et technique. I. Québec Science (Firme). II. Titre.

Q162.P46 2001 500 C2001-941527-3

Au-delà des apparences

La dimension scientifique de la vie quotidienne

Raynald Pepin

Québec Science

ÉDITIONS MULTIMONDES

Révision linguistique : Robert Paré et Steve Laflamme

Conception et réalisation graphiques : Gérard Beaudry

Recherche iconographique et réalisation des figures : Emmanuel Gagnon

Illustration de la couverture : Jacques Goldstyn

Impression : LithoChic inc.

ISBN 2-89544-022-0
Dépôt légal – Bibliothèque nationale du Québec, 2001
Dépôt légal – Bibliothèque nationale du Canada, 2001

ÉDITIONS MULTIMONDES
930, rue Pouliot
Sainte-Foy (Québec) G1V 3N9
CANADA
Téléphone : (418) 651-3885
Téléphone sans frais depuis l'Amérique du Nord : 1 800 840-3029
Télécopie : (418) 651-6822
Télécopie sans frais depuis l'Amérique du Nord : 1 888 303-5931
multimondes@multim.com
http://www.multim.com

DISTRIBUTION EN LIBRAIRIE AU CANADA
Diffusion Dimedia
539, boulevard Lebeau
Saint-Laurent (Québec) H4N 1S2
CANADA
Téléphone : (514) 336-3941
Télécopie : (514) 331-3916
general@dimedia.qc.ca

DISTRIBUTION EN FRANCE
Librairie du Québec
30, rue Gay-Lussac
75005 Paris
FRANCE
Téléphone : 01 43 54 49 02
Télécopie : 01 43 54 39 15
liquebec@cybercable.fr

DÉPOSITAIRE EN FRANCE
Éditions Ibis Press
8, rue des Lyonnais
75005 Paris
FRANCE
Téléphone : 01 47 07 21 14
Télécopie : 01 47 07 42 22
ibis@cybercable.fr
http://www.ibispress.com

DISTRIBUTION EN BELGIQUE
Librairie Océan
139, avenue de Tervuren
1150 Bruxelles
BELGIQUE
Téléphone : 02 732 35 32
Télécopie : 02 732 35 32
willy.vandermeulen@skynet.be

DISTRIBUTION EN SUISSE
SERVIDIS SA
Rue de l'Etraz, 2
CH-1027 LONAY
SUISSE
Téléphone : (021) 803 26 26
Télécopie : (021) 803 26 29
pgavillet@servidis.ch
http://www.servidis.ch

La Revue Québec Science remercie le ministère de la Culture et des Communications pour le soutien financier accordé à la préparation de cet ouvrage par le programme Étalez votre science.

Les Éditions MultiMondes reconnaissent l'aide financière du gouvernement du Canada par l'entremise du Programme d'aide au développement de l'industrie de l'édition (PADIÉ) pour leurs activités d'édition. Elles remercient la Société de développement des entreprises culturelles du Québec (SODEC) pour son aide à l'édition et à la promotion.

Gouvernement du Québec – Programme de crédit d'impôt pour l'édition de livres – gestion SODEC.

À Nicole Lemelin et Gilles Drouin,
qui m'ont initié à un merveilleux métier,
le journalisme.

Préface

La science à la conquête de notre quotidien

Il y a une grande science : celle qui explore l'Univers, la vie et la conscience, celle qui nous ramène aux origines de l'espèce humaine, celle qui nous propose de grands exploits en technologie et de grandes expéditions pour repousser les frontières de l'ignorance. Et il y a aussi la science de tous les jours, qui passe pratiquement inaperçue tellement elle est imbriquée dans notre quotidien. Pourtant, le croiriez-vous, elle est tout aussi fascinante. C'est un vulgarisateur hors pair, Raynald Pepin, qui a fait le pari de nous la faire découvrir.

Les lecteurs de *Québec Science* connaissent bien ce professeur de physique : depuis 1988, il signe dans ce magazine une chronique mensuelle dans laquelle il décortique les phénomènes qui traversent la vie ordinaire pour en montrer la vraie nature. C'est à la même exploration du quotidien qu'il nous convie tout au long de ce livre. Au fil des chapitres, il prend en exemple la vie d'une famille semblable à tant d'autres pour extraire de sa vie quotidienne la science et pour nous montrer combien chaque événement apparemment banal peut être ponctué d'une foule de phénomènes physiques, chimiques ou biologiques. Soudainement, toutes ces petites choses qui paraissaient si coutumières – la tache de café sur la nappe, la cuisson des œufs, l'affichage à cristaux d'une montre, la consistance de la balle de neige, la buée sur le miroir… – prennent une autre dimension. Bien sûr, cela n'a rien de comparable avec l'organisation d'une mission dans l'espace, mais on constate à quel point la science est partout. Mieux : elle est un fantastique passeport vers une autre vision des choses.

Rares sont ceux qui, comme Raynald Pepin, osent investir avec zèle et plaisir le monde des évidences et des apparences. Avec son éloquence et son sens de la communication, il nous invite à voir le monde pour ce qu'il est, non pas pour ce qu'il paraît être. Ce qui est d'ailleurs le point de départ de n'importe quelle démarche de réflexion scientifique.

Cela constitue ni plus ni moins un travail d'éducation qui ne sera jamais un luxe dans notre société. Selon un sondage régulièrement cité, on apprend qu'une personne sur quatre pense encore que le Soleil tourne autour de la Terre ! Ainsi, ce que l'astronomie actuelle admet sans difficulté (grâce à Copernic) dépasse encore l'entendement d'une partie de la population. Bien sûr, il est facile de comprendre comment, pendant des milliers d'années, *Homo sapiens sapiens* a pu croire que le Soleil tournait autour de son monde : tous les matins, il y a un soleil qui surgit à un point de l'horizon, traverse le ciel et se couche à l'opposé. Il constatait là une évidence et ne pouvait que croire à ce qu'il voyait : le Soleil tournait autour de la Terre. Mais s'il avait rencontré Raynald Pepin, il aurait découvert que ce qui est évident n'est pas nécessairement vrai. Et cela s'applique à une multitudes de choses.

Ainsi, pour comprendre la véritable nature des choses et des phénomènes, il n'y a que le questionnement, la réflexion, l'expérimentation, bref la Science. Et c'est ce qui nous ouvre les portes d'un monde fertile, bouillonnant et stimulant pour l'imagination : celui des connaissances.

Une chose est certaine : vous avez maintenant ce qu'il faut pour aller au-delà des apparences. Ce bouquin ne cessera pas de vous intriguer jusqu'à la dernière page, jusqu'à la dernière phrase, voire jusqu'à la toute fin de celle-ci, alors que le seul point à la fin d'une phrase contient plus de mille milliards d'atomes. C'est dire la dimension cachée de l'Univers que vous tenez maintenant entre vos mains !

Raymond Lemieux
Rédacteur en chef
de *Québec Science*

Avant-propos

Ce livre est rempli de futilités. À quoi peut bien nous servir de savoir qu'une inspiration fait pénétrer 10 000 milliards de milliards de molécules d'azote et d'oxygène (dont 79 % sont inutiles) dans nos poumons, ou que de l'eau salée comme l'eau de mer bout à 100,6 °C, et non à 100 °C ? Ça ne sert à peu près à rien. Ce livre n'est donc pas un ouvrage pratique, sauf si vous voulez apprendre à actionner la chasse d'eau de vos toilettes (chapitre 2) ou si vous voulez essayer ma recette de pâté chinois (chapitre 6)… Bref, c'est un livre inutile, culturel. Un ouvrage de culture scientifique. Bien sûr, c'est moins noble que la peinture ou la poésie mais, que voulez-vous, l'auteur est nul pour écrire des poèmes.

La beauté de ce livre, c'est celle de la science, donc de la curiosité et du questionnement, du plaisir d'apprendre et de comprendre. En science, il y a les supernovæ, les nanotechnologies et la biologie moléculaire, mais il y a aussi notre quotidien, si routinier qu'on ne s'en extasie plus. Pourtant, ce quotidien est si étrange quand on s'y attarde.

Pourquoi le plancher de notre maison nous supporte-t-il ? Pourquoi les œufs que je fais cuire durcissent-ils ? Même fugitivement, nous nous posons tous et toutes ces questions. La plupart du temps, faute de pouvoir trouver la réponse, par manque de temps ou de sources d'information, nous nous en désintéressons vite. Ou encore, à force de vivre ou de côtoyer certains phénomènes, nous nous habituons et nous finissons par oublier nos questions.

Cet ouvrage espère contribuer à ranimer la flamme de la curiosité qui persiste en chacun de nous. On y parle de connaissance et de science dans un contexte familier : notre quotidien, ce qu'on vit tous les jours. Il me semble que c'est par là, tout autant qu'avec les interrogations sur l'Univers ou sur l'évolution, qu'on devrait apprivoiser la science. Celle-ci, en nous faisant comprendre notre environnement, nous permet d'y vivre plus à l'aise, de l'apprécier et même, dans certains cas, de mieux le maîtriser. Par exemple, si l'on comprend ce qui se passe dans un œuf qui cuit, on a des chances de faire de meilleurs œufs à la coque !

Le livre que vous tenez entre les mains est, d'une certaine façon, l'aboutissement d'une chronique publiée depuis une douzaine d'années dans le magazine *Québec Science*. Il reprend des informations déjà publiées et en ajoute de nouvelles, tout en concentrant « l'action », car il raconte la journée d'une famille ordinaire. Cette concentration permet de faire des liens entre plusieurs situations et phénomènes à première vue disparates, par exemple les œufs à la coque et… les couches pour bébés. L'analyse de la vie quotidienne permet aussi de faire appel à diverses disciplines, chimie, biologie et physique, en mettant l'accent sur la dernière, puisque c'est la spécialité de l'auteur.

Le texte est entrecoupé de petites expériences, simples et souvent amusantes, qui permettent d'aborder ou de mieux comprendre un sujet ; n'hésitez pas à les essayer, ne serait-ce que pour vous délasser ! Vous trouverez aussi, à la fin de l'ouvrage, diverses références qui vous permettront d'en apprendre davantage sur certains des sujets abordés.

Remerciements

Ce livre n'aurait jamais vu le jour sans la collaboration de nombreuses personnes et de nombreux organismes. Je remercie en particulier le ministère de la Culture et des Communications du Québec, qui en a subventionné la rédaction et la publication par le biais du programme Étalez votre science. Mes remerciements vont aussi au magazine *Québec Science* et à ses rédacteurs en chef successifs, Isabelle Montpetit, Étienne Denis et Raymond Lemieux, pour leur appui, ainsi qu'aux lecteurs et lectrices qui m'ont écrit, suggéré des sujets ou soumis des questions.

J'aimerais aussi exprimer ma gratitude aux centaines de personnes (impossible de les nommer toutes ici!) qui, dans le cadre de mon travail de journaliste à *Québec Science*, ont accepté gentiment de répondre à mes questions, de chercher pour moi une information et de me consacrer cinq minutes ou une heure selon les cas. Sans leur apport, ce livre aurait été beaucoup moins intéressant.

Plusieurs personnes ont relu une partie ou la totalité du manuscrit avant publication. André-Marie Tremblay, Robert St-Amour et Michel Groulx en ont vérifié le contenu quant à la véracité scientifique en physique, en chimie et en biologie. Martin Paquet, Sarah Perreault et Noémie Séguin-Tremblay m'ont fait de judicieux commentaires sur le texte dans son ensemble et ont débusqué de nombreux passages peu clairs ou superflus. Ma compagne, Marie-Hélène Legault, a eu le courage de relire tout le texte, après s'être tapé toutes mes chroniques pendant plus de 12 ans (!), et a elle aussi fortement contribué à l'améliorer. À toutes et tous, un grand merci!

Enfin, je voudrais exprimer ma reconnaissance à Jean-Marc Gagnon et Lise Morin, des Éditions MultiMondes, pour leur excellent travail et pour leur appui et leurs encouragements. En tant que responsables de *Québec Science*, à l'époque, ce sont eux qui ont généreusement accueilli dans leurs pages le jeune et inexpérimenté journaliste que j'étais alors. Des années plus tard, c'est encore eux qui me publient!

Je me suis efforcé d'écrire un livre correct sur le plan scientifique et je n'y ai évidemment mis aucune erreur délibérée. Mais j'ai assez d'expérience pour savoir que rien n'est jamais parfait. Si vous trouvez une erreur ou une imprécision dans le texte, j'apprécierais que vous me la signaliez par courriel à www.multim.com.

Bonne lecture!
Raynald Pepin

Table des matières

CHAPITRE 1

Dès potron-minet

La lumière blafarde de l'aube éclaire la chambre. Éveillé à moitié par un bruit non identifié, Antoine entrouvre les yeux et s'assoit dans son lit. Il lui semble voir bouger quelqu'un de l'autre côté de la fenêtre embuée. Comment est-ce possible ? Sa chambre est à l'étage et il n'y a pas de balcon à l'extérieur. Pourtant, le mouvement se répète. Saisi, le garçon se lève d'un bond pour aller prévenir ses parents.

Qu'est-ce qui se passe ? Le plancher cède sous son poids. Ou plutôt, il passe à travers comme si c'était un nuage. À l'aide ! Il essaie de se retenir avec les bras. En vain : sa chute s'accélère. Il traverse le salon et plie ses jambes pour amortir le choc sur le plancher du rez-de-chaussée, sur lequel il arrive à 25 km/h.

Le plancher du salon ne résiste pas plus. Antoine entrevoit à peine la salle de jeu au sous-sol, puis s'enfonce dans la dalle de béton, le gravier, la terre, la roche. Granit ou calcaire ? Pas le temps de faire de la géologie, ironise-t-il, alors que la gravité accélère toujours sa chute. Il est déjà à plusieurs kilomètres sous terre et la température dépasse les 50 °C. Je vais rôtir, s'effraie-t-il. Il ouvre la bouche pour crier, mais son appel s'étrangle dans sa gorge.

Il s'agite furieusement et… se réveille. Ouf ! il est encore dans son lit. Foutu cauchemar ! Avant de se lever, il tâte précautionneusement le plancher du pied. Ça semble tenir. Il se lève. Voilà le résultat des cours de science de ma mère, se dit-il : on dort mal.

Les atomes

La veille, Antoine avait commencé une recherche scolaire sur le bois. Il avait demandé à sa mère, professeur de sciences au secondaire, de quoi le bois était fait. Sophie lui avait parlé de la composition de la matière. Tous les objets qui nous entourent seraient constitués d'ATOMES[1] si petits que nous ne pouvons pas les voir. Le seul point à la fin d'une phrase contiendrait plus de mille milliards d'atomes. Étrange !

---

1. Les mots indiqués en petites capitales sont définis dans le glossaire à la fin du livre.

Sa mère avait ajouté qu'un atome, c'était surtout du vide. Au centre de l'atome, il y a un « NOYAU », minuscule et très dense, autour duquel gravitent des ÉLECTRONS. Un atome complet fait un peu plus d'un dix-millionième de millimètre (ou 0,000 000 000 1 mètre) ; il est donc un million de fois moins large qu'un cheveu. Le noyau est cent mille fois plus petit que l'atome et les électrons sont si petits qu'on ne connaît même pas leur grosseur. Ainsi, 99,999 999 999 999 9 % de l'atome est vide !

L'existence des atomes, avait dit sa mère, permet d'expliquer une foule de phénomènes qui se passent autour de nous, comme le fait qu'une ampoule brille, que le pain rôtit dans le grille-pain ou que le savon nettoie. Mais elle ne lui avait pas expliqué comment le plancher ou le sol pouvaient nous supporter si les atomes n'étaient pas pleins et collés ensemble. C'était assez pour chicoter l'inconscient d'Antoine.

Si le plancher ne cède pas, c'est que ses atomes se « tiennent » grâce à deux effets. D'abord, une force appelée la FORCE ÉLECTRIQUE attire les atomes les uns vers les autres. Ensuite, les propriétés et le mouvement incessant des électrons empêchent les atomes de s'enfoncer les uns dans les autres, comme s'ils étaient durs.

Antoine se dirige vers la salle de bain. À chaque pas, des atomes du plancher et de ses pieds sont déplacés, puis reprennent leur position normale sous l'effet combiné des forces électriques et du mouvement des électrons.

Lever et gravité

Dans la chambre voisine, Pierre et Sophie, les parents d'Antoine, dorment encore, béatement au chaud sous l'édredon. Hélas, le radioréveil commence à sonner. Rachel, la petite dernière, a encore tripoté les boutons au hasard hier. Sans le savoir, elle a mis le volume au maximum et synthonisé la station *hard rock*. La main de Pierre jaillit des draps et, selon un geste maintenant bien au point parce que répété cinq jours sur sept, s'abat sur l'appareil. Ouf ! le silence revient.

Pierre soupire et se lève péniblement. Passer de l'agréable position horizontale à la périlleuse station debout constitue tout un changement pour son corps d'âge mûr. Debout, les effets de la gravité, la force d'attraction exercée par la Terre, se font davantage sentir. À un degré moindre, ça ressemble à ce que vivent les astronautes qui reviennent sur Terre après un séjour en apesanteur. Au cours de la nuit, les disques intervertébraux gonflent, les courbes de la colonne vertébrale se redressent un peu et le corps s'allonge. Une personne couchée peut gagner jusqu'à deux centimètres, comparativement à près de quatre centimètres pour un astronaute qui passe plusieurs jours en apesanteur. En se levant, Pierre commence déjà à se ratatiner. Dans une heure ou deux, il aura repris sa taille habituelle.

Un autre grand changement se produit lors du lever : le sang migre. Quand Pierre est couché, le sang se distribue de façon plus uniforme dans son corps. Dès qu'il se lève, une quantité de sang allant d'un demi-litre à un litre passe dans ses jambes, qui enflent. La nuit, il y a moins de sang dans les jambes et davantage dans le thorax.

Pierre pourrait se dire que la gravité complique la vie. C'est parfois vrai, surtout quand il tombe ou que Rachel échappe son verre de lait. Mais la gravité présente aussi beaucoup d'avantages. Grâce à la gravité, le lait de Rachel coule de son verre à sa bouche et son urine descend quand elle va aux toilettes. Sans gravité, Pierre ne pourrait pas se déplacer facilement (il ne serait pas en contact avec le sol), skier (il ne descendrait pas) ou jouer au soccer (le ballon partirait dans l'espace). Sans gravité, la Terre ne retiendrait pas son atmosphère et Pierre ne pourrait pas respirer.

La respiration

Justement, Pierre prend une grande respiration avant de commencer à s'habiller. En quelques secondes, 10000 milliards de milliards de molécules d'oxygène et d'azote pénètrent dans ses poumons. Les MOLÉCULES sont des assemblages d'atomes retenus ensemble par la force électrique. Par exemple, une molécule d'oxygène (O_2) comprend deux atomes d'oxygène[2], une molécule d'azote (N_2) est faite de deux atomes d'azote. Une molécule d'eau (H_2O) est constituée de deux atomes d'hydrogène (H) liés à un atome d'oxygène (O). Une molécule de cellulose du plancher en bois contient des milliers d'atomes d'hydrogène, d'oxygène et de carbone (C).

Dans les poumons de Pierre, l'air se rend jusqu'au fond de petits sacs appelés alvéoles, où il se dissout dans le liquide présent à la surface. L'oxygène et l'azote dissous franchissent ensuite la mince paroi des alvéoles pour atteindre les capillaires où circule le sang.

L'azote se dissout mal dans le sang. En revanche, l'oxygène se lie très bien aux molécules d'hémoglobine, qui sont quelques centaines de millions dans chacun des globules rouges de Pierre. Heureusement, car l'oxygène est indispensable à l'organisme. Toutes les cellules du corps utilisent de l'oxygène dans des réactions chimiques servant à stocker de l'ÉNERGIE. Cette énergie est par la suite consommée dans diverses activités cellulaires, comme le transport d'atomes à travers les membranes cellulaires, la synthèse de nouvelles molécules ou la contraction musculaire à laquelle Pierre doit avoir recours pour enfiler ses chaussettes.

2. « O_2 » est la formule chimique de la molécule d'oxygène. « O » est le symbole de l'atome d'oxygène et « 2 » en indice signifie qu'il y a deux atomes d'oxygène dans la molécule.

Électricité et ampoules à incandescence

Maintenant habillé, Pierre se rend à la chambre de Julie et de Rachel pour les réveiller, une des tâches difficiles de la journée. Comme le store est baissé, il fait sombre et Pierre actionne l'interrupteur mural qui contrôle la prise de courant dans laquelle est branchée la lampe placée sur la table de chevet.

La lumière envahit la chambre : magie ! Du moins, c'est ce qu'auraient pensé nos lointains ancêtres s'ils avaient assisté à la scène, car ce n'est qu'en 1799 qu'Alessandro Volta, un Italien, a inventé la pile électrique ; auparavant, les sources de COURANT ÉLECTRIQUE ne fournissaient du courant que très brièvement. Puis, durant tout le 19e siècle, des dizaines de chercheurs se sont escrimés à mettre au point une ampoule à INCANDESCENCE dans laquelle un mince filament, chauffé par le courant qui passe, devient lumineux.

Figure 1.1
Circuit domestique minimal pour l'allumage d'une ampoule

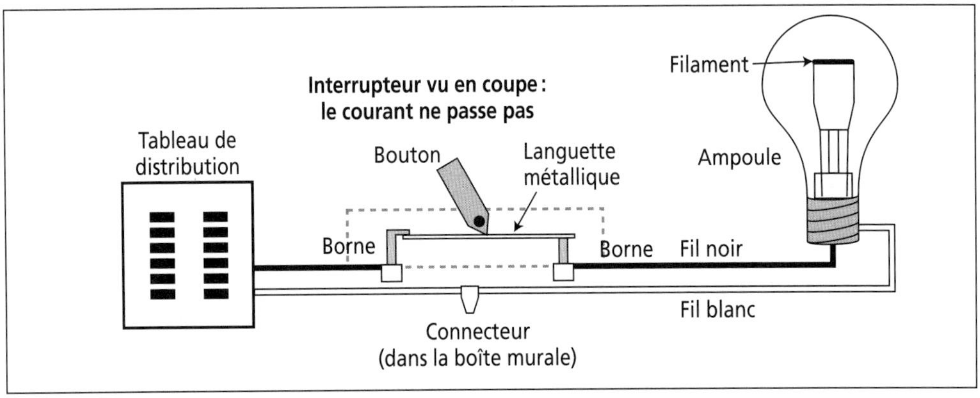

Les fils noir et blanc, chacun recouvert d'isolant, sont réunis dans un même câble électrique. Un câble va du tableau de distribution à la boîte murale abritant l'interrupteur ; un second câble se rend à l'ampoule. Les fils blancs des deux câbles sont attachés par un connecteur.

Avec le bouton de l'interrupteur en position « arrêt », la languette métallique ne fait pas le contact entre les deux bornes et le courant ne passe pas. Avec le bouton en position « marche », la languette métallique touche aux deux bornes internes, le circuit est complet et le courant circule.

Bien qu'on lui en donne souvent le crédit, ce n'est pas le célèbre Edison qui a inventé l'ampoule électrique. Dès les années 1840, des inventeurs anglais et américains avaient breveté des ampoules à incandescence, mais le filament finissait par fondre, s'il était en platine ou fait d'autres métaux, ou par s'enflammer s'il était en carbone. C'est Edison qui a réussi à rendre l'ampoule électrique fonctionnelle. Vers la fin de 1880, son laboratoire avait mis au point une ampoule avec filament en carbone qui éclairait pendant plus de 250 heures, surtout grâce au vide fait dans l'ampoule, ce qui empêchait le filament de brûler. Edison a aussi conçu le système nécessaire au fonctionnement de ses ampoules: génératrices d'électricité, réseaux électriques, interrupteurs et même... compteurs d'électricité!

Aujourd'hui, Pierre ne se préoccupe pas de tout ça quand il actionne l'interrupteur; l'important est que ça marche! Pourtant, ici aussi, il s'en passe des choses. Ainsi, l'interrupteur sert de valve pour le courant électrique. À l'intérieur, une languette métallique fixée à l'une des deux bornes est alignée vers l'autre borne. Quand l'interrupteur est fermé (*off*), l'extrémité interne du bouton repousse cette languette et l'empêche de toucher à la seconde borne: le courant ne peut pas circuler, car il n'y a pas continuité dans le circuit électrique. En déplaçant le bouton, on libère la languette, qui se plaque sur la seconde borne: le courant peut passer et alimenter la lampe.

Dans un matériau isolant, comme le plastique ou le caoutchouc, chacun des électrons reste lié à un noyau d'atome et ne peut pas se déplacer à grande distance. Dans un fil de cuivre, comme dans tous les métaux, la plupart des électrons restent aussi liés à un noyau, mais certains sont «libres» et peuvent se déplacer. Ce sont eux qui donnent naissance au courant *électrique*, un courant d'électrons.

Dès qu'un courant électrique passe dans le filament de l'ampoule, le mouvement des électrons libres les fait entrer en collision avec les atomes du filament, ce qui transfère de l'énergie aux atomes, qui se mettent à vibrer davantage. En effet, aucun atome ou molécule n'est immobile, même dans un solide. Les molécules d'un gaz comme l'air se déplacent en tous sens à environ 500 mètres par seconde. Dans un solide, les atomes vibrent autour d'une position moyenne et les molécules tournent, s'étirent et se tortillent. Sur le plan microscopique, la matière ressemble à une cour d'école ou à une garderie: tout bouge tout le temps dans tous les sens.

La vibration accrue des atomes dans le filament correspond à une hausse de température et le fil s'échauffe. Cet échauffement, provoqué par le passage du courant, est appelé EFFET JOULE, du nom du physicien anglais qui a proposé au 19e siècle la loi de

Du soccer dans le fil !

Il n'y a courant électrique que dans certaines conditions. Généralement, les électrons libres d'un métal se déplacent en tous sens mais restent en moyenne au même endroit, comme des joueurs de soccer qui courent des kilomètres durant une partie tout en restant sur le même terrain. Les électrons battent les footballeurs à plate couture, car ils se déplacent à plus d'un million de kilomètres à l'heure. Comme les électrons restent en moyenne au même endroit, il n'y a pas de courant électrique.

Quand l'interrupteur est en position de marche, les électrons du fil sont soumis à ce que la physique appelle un CHAMP ÉLECTRIQUE[3]. Généré à la centrale électrique, ce champ est présent dans tout le circuit de distribution de l'électricité. Il modifie l'environnement, car il influe sur toutes les particules ayant une CHARGE, comme les électrons du fil, qui subissent une force électrique proportionnelle à leur charge. Cette force électrique est la même que celle qui assure la cohésion des atomes, des molécules et de la matière.

Sous l'influence du champ électrique, les électrons libres du fil bougent à une vitesse résultante de moins d'un centimètre par seconde. Cette lente dérive[4] se superpose à leur mouvement échevelé.

Comment se fait-il que l'ampoule s'allume presque aussitôt, bien que la lampe soit située à plusieurs mètres de l'interrupteur ? C'est qu'il n'est pas nécessaire que les électrons présents près de l'interrupteur atteignent la lampe pour que celle-ci s'allume. Il suffit que les électrons présents dans le filament bougent eux-mêmes, ce qui est presque instantané car l'établissement du champ électrique dans le fil se propage, lui, presque à la vitesse de la lumière. C'est comme quand on presse le piston d'une seringue : bien que le liquide en contact avec le piston bouge lentement, le liquide sort tout de suite à l'extrémité de l'aiguille.

3. Il existe toujours dans la matière des champs électriques locaux non nuls. Quand l'interrupteur est en position de marche, un champ électrique s'établit dans un fil à grande échelle.

4. En réalité, le courant dans les circuits domestiques est un courant alternatif : le champ électrique s'inverse 120 fois par seconde (en Amérique du Nord ; 100 fois par seconde en Europe) et le sens du courant aussi. Quand la source d'électricité est une pile, le courant, dit continu, va toujours dans le même sens. Pourquoi utiliser un courant alternatif ? Parce qu'il est plus facile à produire, au moyen d'alternateurs, et qu'on peut modifier facilement la tension électrique (en volts) au moyen d'appareils appelés transformateurs, qui fonctionnent plus simplement en courant alternatif. Que le courant soit alternatif ou continu ne change rien au fait que le filament de l'ampoule est chauffé par le courant.

la conservation de l'énergie. Le filament s'échauffant, les atomes deviennent « EXCITÉS », c'est-à-dire qu'ils ont plus d'énergie qu'à l'ordinaire. Ils retournent à leur état habituel en émettant cette énergie excédentaire sous forme de rayonnement[5].

Depuis 1906, les filaments d'ampoule sont en tungstène, un métal plus résistant que le carbone d'Edison. De tous les métaux, le tungstène est celui qui a la plus haute température de fusion (3400 °C) et qui s'évapore le plus lentement. La longueur et le diamètre (typiquement 0,04 millimètre) du filament font que le courant ordinaire le porte à incandescence. Le filament d'une ampoule ordinaire (100 watts) est chauffé à environ 2500 °C. À part la soudure à l'arc, il n'y a rien de plus chaud dans notre environnement. Si Pierre branchait cette ampoule ordinaire à une pile de 1,5 volt, le filament s'échaufferait, mais très légèrement, pas assez pour émettre de la lumière.

À 2500 °C, le filament rayonne, sous forme de LUMIÈRE VISIBLE, moins de 10 % de l'énergie consommée par la lampe. Une ampoule d'une PUISSANCE de 100 watts émet donc moins de 10 watts de lumière. Le reste de l'énergie est émis sous forme de rayons invisibles, les INFRAROUGES. Les infrarouges sont un rayonnement de même nature physique que la lumière visible mais un peu moins énergétique. Ces rayons infrarouges chauffent la pièce où se trouve la lampe ainsi que l'ampoule elle-même ; c'est pourquoi on se brûle si on touche à une ampoule allumée.

Couches pour bébés et gels

Après que Pierre a allumé la lumière, un premier obstacle à la sérénité de cette journée surgit. Julie n'a pas envie d'aller à l'école et ne veut pas sortir du lit. Rachel, en revanche, après avoir bougonné quelques secondes, se lève et court aux toilettes pour ne pas ajouter un pipi à ceux qui sont déjà dans sa couche. À la fin de la nuit, celle-ci pèse plus de 300 grammes : Rachel a uriné au moins 250 millilitres[6].

À deux ans et demi, Rachel est propre le jour mais elle a encore besoin d'une couche la nuit. Ses parents lui mettent une couche jetable car ce type de couche absorbe plus d'urine et garde davantage l'enfant au sec qu'une couche en coton, ce qui réduit les réveils intempestifs.

Autrefois, les mères ne disposaient que de couches en coton (à l'époque, les pères ne s'occupaient guère de ces « frivolités »). Les fibres de coton sont constituées de CELLULOSE.

5. Vous vous demandez pourquoi le fil de cuivre amenant le courant au filament s'échauffe moins et n'émet pas de lumière, lui ? C'est que le courant est proportionnel au nombre d'électrons libres et à leur vitesse. Le fil de cuivre est plus large que le filament et contient davantage d'électrons. Ceux-ci se déplacent donc moins vite, subissent moins de collisions et transfèrent moins d'énergie aux atomes du fil.

6. La densité de l'urine est très proche de celle de l'eau, soit un gramme par millilitre.

Cette longue molécule naturelle est formée par l'association de nombreuses molécules de GLUCOSE, un type de SUCRE. Les premières couches jetables sont apparues dans les années 1950. Le matériel absorbant était constitué de fibres cellulosiques provenant du bois plutôt que du coton. À peu de choses près, c'était du papier journal. Les fibres de cellulose étant peu absorbantes, il en fallait une grande quantité, ce qui rendait les premières couches jetables volumineuses et inconfortables.

Ce n'est qu'à partir des années 1980 que la majorité des parents ont commencé à utiliser des couches jetables qui, entre-temps, avaient bénéficié de nombreuses améliorations. Aujourd'hui, ces couches sont un fleuron de notre civilisation technologique… et une plaie de nos dépotoirs, alors qu'elles comptent pour 2 % des déchets de l'Amérique du Nord.

De l'intérieur vers l'extérieur, les couches jetables comprennent un tissu poreux et hydrophobe (pour diminuer le contact de la peau avec l'humidité), une bourre absorbante, puis une pellicule de plastique qui protège les vêtements. La bourre comprend des fibres qui stabilisent un matériau synthétique superabsorbant. Ces matériaux présentent l'avantage de retenir beaucoup de liquide, plus de 10 fois leur poids. De plus, ils se transforment en gel quand l'urine y pénètre, ce qui diminue les risques de fuite ou de reflux.

Un GEL, en chimie, c'est un réseau tridimensionnel de longues molécules qui retient un liquide. Ces macromolécules sont enchevêtrées et liées par des forces électriques. Les gelées de canneberges, les poudings au tapioca, les poudings instantanés, certaines garnitures à tarte commerciales, les gelées aromatisées (du type Jell-O) sont des gels dont les macromolécules sont des pectines, de l'amidon ou de la gélatine. Quand on fait cuire un poulet et qu'on laisse refroidir le liquide restant à la fin de la cuisson, on obtient une gelée jaunâtre sous une couche de gras. Cette gelée contient de l'eau, des produits solubles dans l'eau et de longues molécules de gélatine libérées par la cuisson.

La conception des couches n'est pas aussi simple qu'on pourrait le penser. Par exemple, la formation d'un gel pourrait bloquer l'entrée subséquente d'urine (comme si l'on versait de l'eau sur du Jell-O). Pour éviter cet inconvénient, les fabricants jouent sur les dimensions des particules du matériau superabsorbant ainsi que sur le nombre et la nature des fibres. Une proportion plus élevée de fibres, par exemple, contribue à écarter les particules du matériau absorbant et à laisser des passages pour l'urine. Bien choisies, les fibres peuvent conduire l'urine, par capillarité, dans des parties de la couche éloignées du « site d'entrée ». La capillarité, nommée par analogie avec l'élévation de l'eau dans des tubes de verre très fins appelés capillaires, est le même phénomène qui fait que la cire fondue monte dans la mèche d'une bougie ou que le café monte dans un cube de sucre dont seule la base trempe dans le liquide. Elle résulte de l'affinité, de l'attraction, entre les molécules du liquide (eau ou cire) et celles de l'autre matériau (verre, coton de la mèche ou sucre).

Tissus et frottement

Sous les exhortations de sa mère, qui s'est maintenant levée, Julie sort enfin du lit. Sophie extirpe quelques vêtements du tas où sa fille les a empilés. Julie n'a pas à se vêtir de peaux de bêtes, comme ses lointaines ancêtres de l'époque des cavernes, mais dispose de confortables vêtements tissés, colorés, esthétiques et résistants. Tout ça grâce au frottement.

En effet, un tissu est un entrecroisement de fils dont chacun est composé de fibres liées mécaniquement. Lors de la filature, les fibres sont démêlées, rassemblées en un ruban, puis peignées, c'est-à-dire alignées plus ou moins parallèlement. Enfin, on confère de la cohésion au ruban en lui imposant une torsion, ce qui produit un fil. Les frottements entre fibres assurent la cohésion du fil. C'est aussi le frottement entre fils perpendiculaires, à chaque croisement, qui fait qu'un tissu est solide.

Il existe de nombreuses fibres textiles: coton, laine, lin, acrylique, polyester, etc. Les fibres de coton proviennent des graines du cotonnier. Longues de deux à sept centimètres, elles sont constituées essentiellement de longues molécules de cellulose. La cohésion d'une fibre vient des faibles liaisons chimiques existant entre les molécules de cellulose, aux points où elles sont suffisamment proches pour permettre les liaisons. Les nombreux GROUPES[7] hydroxydes (OH) de la cellulose, auxquels les molécules d'eau se lient facilement, font que le coton absorbe bien l'eau, d'où son utilité pour les couches.

La laine, d'origine animale, est faite de vulgaires poils. Ceux-ci sont constitués essentiellement, comme nos cheveux, de PROTÉINES (un type de molécules) appelées kératines. Les protéines sont sensibles au chlore; il ne faut donc pas laver la laine à l'eau de Javel, qui contient un composé chloré. Les kératines portent différents groupes chimiques qui ont également une bonne affinité avec l'eau, ce qui fait qu'un vêtement en laine met du temps à sécher.

Les fibres synthétiques les plus importantes sont les polyamides, les polyesters et les polyacryliques. Comme leur nom l'indique, ces substances sont des POLYMÈRES, de longues molécules constituées par la réunion de molécules plus petites (la cellulose est elle-même un polymère de glucose). Pour produire un fil, le polymère liquide est « extrudé », c'est-à-dire passé de force à travers un orifice avant d'être refroidi. Le nylon, première fibre synthétique, est un polyamide qui a été mis au point dans les années 1930.

---

7. En chimie, un groupe fonctionnel est un ensemble d'atomes associé à une molécule plus grande qui présente des propriétés et un comportement chimique particuliers. Outre le groupe hydroxyde des alcools, on retrouve, par exemple, le groupe carboxyle (COOH) des acides carboxyliques, comme l'acide acétique (CH_3COOH), constituant du vinaigre.

Avec des fils similaires, on peut confectionner des tissus très différents en modifiant leur armure, c'est-à-dire l'entrecroisement des fils. Pour le tissu résistant appelé toile, les fils s'entrecroisent à chaque brin (figure 1.2). Le satin, par contre, comporte des fils flottants, moins entrecroisés, ce qui rend le tissu plus doux au toucher… et plus fragile.

Figure 1.2
Deux types d'armures pour les tissus

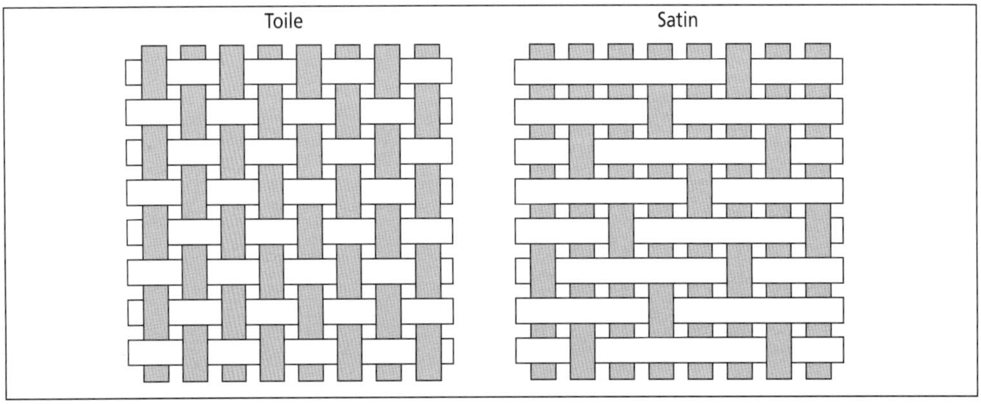

Fermeture éclair et velcro

Après avoir enfilé ses pantalons, Julie remonte sa fermeture éclair en un quart de seconde. Il y a un siècle, ç'aurait été pas mal plus long (il faut dire qu'elle n'aurait probablement pas porté de pantalons, mais une robe). Les pantalons, dos de robes, manteaux, etc., se fermaient alors avec des boutons. L'utilisation de la fermeture éclair dans l'habillement a commencé à se répandre vers 1920. En 1934, les États-Unis produisaient déjà plus de 60 millions de fermetures éclair par année.

Une fermeture éclair tient grâce à ses dents, dont la forme est telle qu'elles s'imbriquent les unes dans les autres. Par exemple, un type de dents possède une bosse sur le dessus et une cavité en dessous. La forme du curseur (figure 1.3), de ses « lèvres » (rebords) et de sa pointe fait qu'en glissant le curseur oriente les dents de façon à ce que la bosse d'une dent s'emboîte dans la cavité de la dent opposée. Les lèvres du curseur réunissent ainsi les deux rangées de dents, ce qui est très difficile à faire à la main. Un autre type de dents a la forme de bittes d'amarrage, mais le principe de l'emboîtement reste le même.

De retour des toilettes, Rachel met ses souliers. Elle n'a pas à faire de nœuds et de boucles car ses souliers comportent des attaches velcro, un autre bijou du 20e siècle.

Figure 1.3
La fermeture éclair

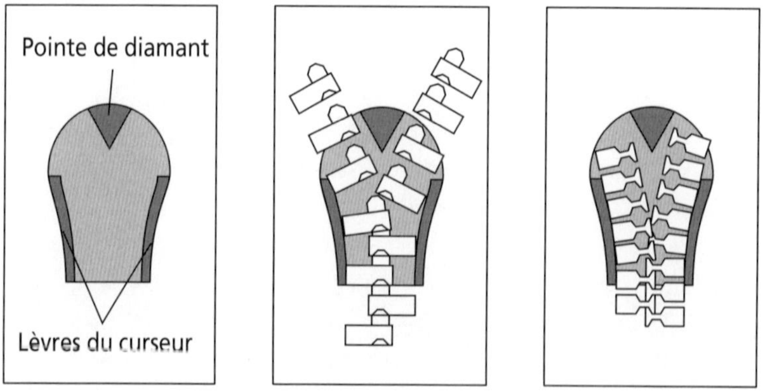

À gauche, curseur de fermeture éclair, sans la plaque du dessus. Au centre, les dents s'emboîtent les unes dans les autres quand la bosse située sur une dent pénètre dans la cavité située sous la dent supérieure. À droite, un autre type de dents, en forme de bittes d'amarrage.

Velcro vient des mots « velours » et « crochet ». C'est George de Mestral, un ingénieur suisse, qui a eu l'idée d'imiter les fruits de bardane, ces petites boules vertes et roses qu'on s'amuse à lancer aux copains et qui collent aux vêtements. Ces fruits sont couverts de minuscules crochets qui s'accrochent à tout ce qui ressemble à une boucle. La bardane dissémine ainsi ses graines en les accrochant à la fourrure des animaux qui passent.

Figure 1.4
Les deux rubans d'une attache velcro

Un des rubans d'une attache velcro comporte plusieurs centaines de crochets en nylon ou en polyester par centimètre carré. L'autre ruban porte des boucles de fil. Un seul centimètre carré de velcro peut supporter deux kilogrammes si cette charge est suspendue perpendiculairement au velcro, car alors tous les crochets contribuent à la liaison. Quand on tire de biais, la force à exercer pour séparer les deux rubans est réduite car on sépare les rangées de crochets et de boucles les unes après les autres, et non pas toutes en même temps. Les crochets plient et les deux rubans se décollent, produisant un bruit qui n'a rien de discret.

Le laçage des souliers

Julie aussi met ses souliers. Coquette, elle veut harmoniser la couleur de ses lacets avec celle de sa chemise, vert fluo. Cependant, ses lacets lui semblent un peu courts. Comment Julie devrait-elle lacer ses souliers pour que la longueur de lacet nécessaire soit la plus courte possible ? En zigzag à tous les trous, en zigzag à tous les deux trous, selon la technique de laçage rapide utilisée dans les magasins de chaussures (figure 1.5) ou selon la technique militaire ? Cette dernière a été mise au point afin de permettre d'enlever facilement la chaussure lors d'une blessure au pied : elle permet d'insérer rapidement une lame de couteau sous le lacet, puis de couper.

Expérience : En lacer sans s'en lasser

Prenez un soulier et, un lacet et pour chaque technique de laçage proposée dans la figure, mesurez la longueur de lacet nécessaire. Quelle technique permet d'utiliser le lacet le plus court ?

Figure 1.5
Différentes méthodes de laçage

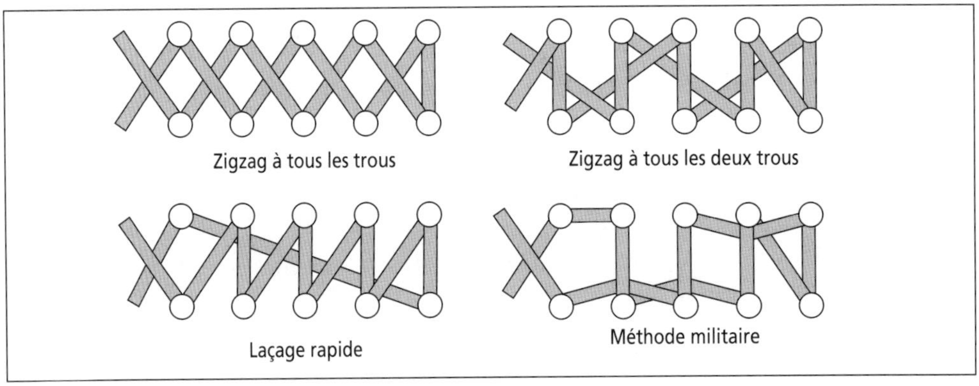

Ce problème qu'on pourrait croire frivole a été étudié par un mathématicien professionnel. La solution ? C'est la méthode militaire et le laçage en zigzag à tous les trous qui requièrent le lacet le plus court ; comme le laçage militaire n'est guère esthétique, Julie lacera ses souliers en zigzag à tous les trous. Le laçage rapide, lui, nécessite la plus grande longueur de lacet. On peut déterminer les longueurs de lacet nécessaires en utilisant le fameux théorème de Pythagore[8], selon lequel le carré de l'hypoténuse est égal à la somme des carrés des côtés d'un triangle rectangle ($c^2 = a^2 + b^2$).

Dans tous les cas, il faut passer le lacet dans 10 œillets, même pour le laçage rapide. Ce dernier a été appelé ainsi parce qu'il permet de passer un bout du lacet dans chaque œillet sans avoir à le lâcher pour prendre l'autre bout.

Son et audition

Rachel met la dernière touche à sa tenue en enfilant un chandail. L'encolure est étroite ; elle se fait mal aux oreilles et se met à pleurer. Pierre vient à son secours, étire l'encolure et passe le chandail, puis console sa fille.

Le pavillon de l'oreille, formé de cartilage élastique recouvert de peau, a une fonction plus importante que de bloquer les vêtements ou de soutenir lunettes et boucles d'oreille : il capte et concentre (un peu) les ondes sonores. Pour comprendre ce qu'est une onde sonore, il faut parler de molécules, tout comme il a fallu parler d'électrons pour décrire le courant électrique.

L'onde sonore est produite lorsqu'un objet vibre et met en mouvement les molécules d'air (ou d'un autre fluide ; par exemple, on entend aussi dans l'eau). L'objet en vibration pousse les molécules d'air proches, puis recule et crée un vide partiel (une région où il y a moins de molécules qu'en moyenne). Les molécules d'air mises en mouvement entrent en collision avec celles situées plus loin, etc. Il s'ensuit une série de compressions et de dépressions qui se propagent dans l'air[9].

---

8. Par exemple, supposons que deux œillets situés en vis-à-vis (de part et d'autre de la languette) soient séparés d'une distance d, et que la distance entre deux œillets consécutifs soit b. Pour aller des œillets de l'avant jusqu'aux œillets de l'arrière avec le laçage en zigzag à tous les trous, il faut une longueur d de lacet, plus huit diagonales d'une longueur égale à $\sqrt{d^2 + b^2}$. Longueur totale : $d + 8\sqrt{d^2 + b^2}$. Pour la méthode militaire, il faut quatre longueurs d, une diagonale valant $\sqrt{d^2 + b^2}$, et sept longueurs b. Longueur totale : $4d + 7b + \sqrt{d^2 + b^2}$. Pour le laçage rapide, il faut quatre longueurs d, plus quatre diagonales valant $\sqrt{d^2 + b^2}$, plus une grande diagonale valant $\sqrt{d^2 + (4b)^2}$. Longueur totale : $4d + 4\sqrt{d^2 + b^2} + 4\sqrt{d^2 + (4b)^2}$.

   Pour comparer les longueurs, on peut recourir à un peu d'algèbre, mais on peut aussi mettre simplement des chiffres à la place des symboles. En considérant que b est plus petit que d, ce qui est généralement le cas, on trouve que le laçage militaire est le plus court (plus précisément, il faut que b soit inférieur à 40/42 d).

9. On a déjà vu que les molécules d'air se déplacent en tous sens à environ 500 mètres par seconde. Lorsque passe une onde sonore, la vibration associée à l'onde se superpose aux mouvements aléatoires des molécules.

L'onde sonore pénètre dans le conduit auditif jusqu'au tympan, une membrane très élastique d'environ 0,5 centimètre carré. L'oscillation des molécules voisines fait vibrer le tympan, qui est extrêmement sensible. L'oreille peut ainsi détecter un son, même si l'amplitude de vibration du tympan est aussi faible qu'un centième de milliardième de mètre, soit 10 fois moins que le diamètre d'un atome!

Figure 1.6
Schéma de l'oreille

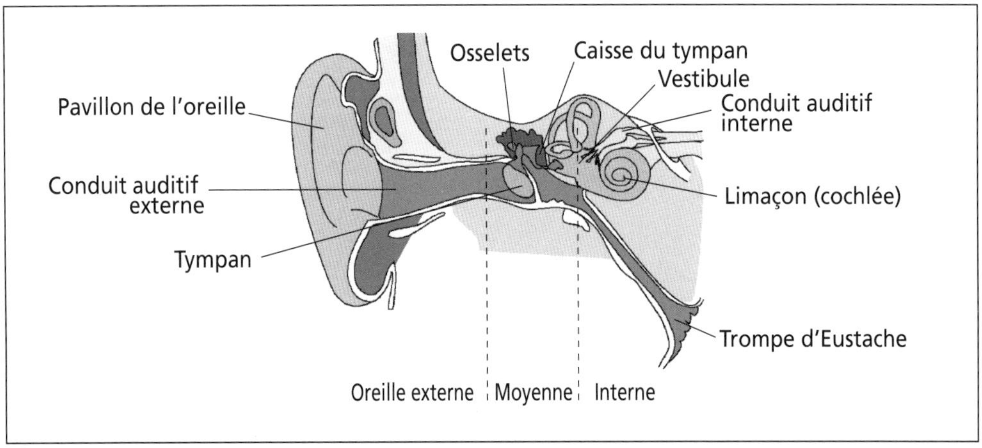

Le mouvement du tympan est transmis au marteau, à l'enclume puis à l'étrier, les trois osselets de l'oreille moyenne. L'oscillation de l'étrier génère des vibrations dans le liquide de la cochlée, un tube enroulé en spirale qui est l'organe sensitif de l'oreille interne. À l'intérieur de la cochlée, une membrane comporte des cellules dotées chacune de minuscules cils. Quand le liquide vibre dans la cochlée, les cils bougent, ce qui a pour effet d'ouvrir des passages à leur surface. Des atomes pénètrent dans les cils et modifient l'équilibre électrique des cellules, ce qui correspond à la génération d'INFLUX NERVEUX, qui sont ensuite transmis au cerveau par le nerf auditif.

Les charges électriques

Antoine en serait sidéré: l'existence et le fonctionnement des cellules, la génération et la conduction des influx nerveux et même le fonctionnement du cerveau reposent sur les charges et les forces électriques, tout comme la cohésion des atomes, des molécules et du plancher qu'il a traversé en rêve. La force électrique s'exerce entre toutes les particules ayant une charge électrique. Les électrons, qui tournent autour du noyau, sont chargés négativement. Les PROTONS, particules se trouvant au sein des noyaux atomiques, sont chargés positivement.

Il ne faut pas accorder ici de sens particulier aux termes « positif » et « négatif ». On aurait pu qualifier les charges de « mâle » et « femelle » ou de « yin » et « yang » et ç'aurait été aussi bien. Retenons qu'il y a deux types de charges, ce que des scientifiques ont découvert à la fin du 17e siècle, en étudiant les propriétés de corps frottés ensemble (le frottement confère des charges opposées aux deux corps). C'est Benjamin Franklin, physicien et politicien américain, qui a proposé en 1751 les dénominations « positive » et « négative » pour les deux types de charges.

Les charges de signes opposés s'attirent, celles de même signe se repoussent. Pourquoi ? On ne peut que répondre que la nature est comme ça... Le noyau possédant une charge positive et les électrons, une charge négative, le noyau exerce une force d'attraction sur les électrons. Cette force garde les électrons en mouvement autour du noyau, tout comme la force gravitationnelle exercée par la Terre garde la Lune en orbite autour de notre planète. C'est donc la force électrique qui assure l'existence des atomes[10].

C'est aussi la force électrique qui lie les atomes pour former des molécules ou des corps solides[11]. Si Antoine n'a pas passé à travers le plancher, c'est grâce à la force électrique. Quand il pose le pied sur le plancher, Antoine écrase les atomes qu'il touche. Ceux-ci se rapprochent légèrement les uns des autres et le plancher se déforme. Cependant, le rapprochement des atomes est limité par leur « dureté », liée au mouvement et aux propriétés des électrons. Le rapprochement fait apparaître une force de répulsion qui tend à ramener les atomes à leur position normale.

Lorsque Antoine marche, le plancher se déforme trop peu pour que ses pieds laissent des creux observables. La force de répulsion globale exercée entre tous les atomes compense exactement le poids du garçon. Si la force globale était plus petite que le poids d'Antoine, le garçon s'enfoncerait dans le plancher.

Pour aller déjeuner au rez-de-chaussée, Antoine, ses parents et ses sœurs devront emprunter l'escalier. C'est plus long que passer à travers le plancher, mais nettement moins stressant.

---

10. Une question peut surgir : si le noyau exerce une force d'attraction sur les électrons, pourquoi les électrons ne finissent-il pas par tomber sur le noyau ? Cette question a bien embêté les physiciens au début du 20e siècle. Elle a mené à l'élaboration d'une théorie, appelée mécanique quantique, qui décrit le comportement de la matière au niveau microscopique. Fondamentalement, on ne peut que redire ici aussi que la nature est comme ça : les électrons ne peuvent pas s'approcher indéfiniment des noyaux (sauf dans des conditions spéciales, qu'on retrouve lors des explosions de supernovæ).

11. En chimie, on distingue différents types de LIAISONS : covalente, ionique, métallique, hydrogène ou de Van der Waals. Ces liaisons se différencient par l'énergie impliquée et par la distribution spatiale des électrons autour des noyaux. Mais à la base, les liaisons résultent toujours d'un équilibre entre le mouvement des électrons et les forces que subissent les particules électriques.

Petits, déjeunez !

Rendue au rez-de-chaussée, Sophie jette un coup d'œil dehors par la fenêtre et entame son rituel matinal : elle allume la lumière de la cuisine et met en marche la radio et la cafetière. Antoine et Rachel la suivent de près, réclamant leur déjeuner.

Sophie verse du jus d'orange dans les verres des cinq membres de la famille. Aussi surprenant que cela puisse paraître, le jus d'orange contient plus de GLUCIDES[1] qu'une boisson gazeuse. Un verre de jus de 250 millilitres fournit environ 530 KILOJOULES d'énergie (l'apport quotidien recommandé, pour une personne de 60 kg, est d'environ 9000 kilojoules), comparativement à 400 pour un verre de cola. La boisson gazeuse ne contient toutefois pas d'autres nutriments. Le jus d'orange, lui, contient du calcium et du potassium et de bonnes doses de vitamines, surtout la vitamine C.

Pain, grille-pain et glucides

Julie, enfin descendue, demande un croissant, Antoine, des rôties et Rachel, des céréales. Sophie met deux tranches de pain aux raisins dans le grille-pain, coupe un croissant et le fourre de tartinade aux noisettes, puis verse un bol de riz soufflé à Rachel.

Le grille-pain fonctionne selon le même principe que l'ampoule à incandescence : un courant électrique passe dans un conducteur dont la RÉSISTANCE est judicieusement choisie pour que s'en dégage une quantité de chaleur donnée (effet Joule). Le grille-pain, par exemple, consomme une puissance de 1 000 watts et dégage ainsi 10 fois plus d'énergie qu'une ampoule de 100 watts.

---

1. « Glucide » et « hydrate de carbone » sont synonymes. Les sucres sont de petits glucides, comme le glucose ($C_6H_{12}O_6$) et le saccharose ($C_{12}H_{22}O_{11}$), ou sucre de table. Le terme « hydrate de carbone » vient de ce qu'on peut écrire la formule de ces composés, par exemple $C_6(H_2O)_6$ pour le glucose, comme s'ils étaient constitués de carbone et d'eau. Les glucides complexes, comme l'amidon ou la cellulose, ne sont pas des sucres à proprement parler.

De chaque côté d'une fente de grille-pain se trouve une plaque de mica qui supporte un fil de nichrome replié sur lui-même. Le nichrome, comme son nom le laisse deviner, est un alliage de nickel et de chrome. Sa résistance électrique est plus élevée que celle du cuivre utilisé dans les fils ordinaires, ce qui permet au fil de devenir chaud. De plus, le nichrome ne s'oxyde pas, ne réagit pas avec l'oxygène de l'air quand on le chauffe, contrairement à la plupart des métaux, qui ne feraient pas long feu dans un grille-pain.

Quand on abaisse la manette du grille-pain, on ferme un interrupteur, c'est-à-dire qu'on permet au courant de circuler. Un dispositif, crochet, électroaimant ou autre, retient la manette en position basse.

Dans la plupart des grille-pain, c'est un petit circuit électrique ou une lame bimétallique (ou une combinaison des deux) qui contrôle le temps de cuisson et déclenche le mécanisme qui éjecte les rôties. La lame bimétallique, utilisée dans les grille-pain peu coûteux, est constituée de deux métaux différents, collés l'un sur l'autre.

Figure 2.1
Schéma simplifié d'une lame bimétallique contrôlant un interrupteur

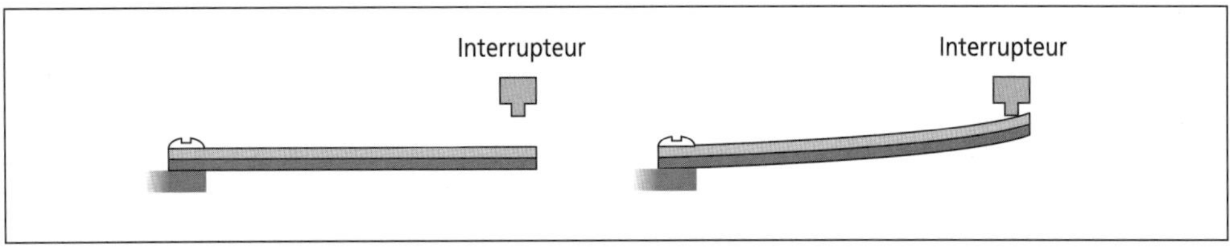

Sous l'effet de la chaleur générée dans le grille-pain, le métal situé au-dessous se dilate davantage que le métal se trouvant au-dessus et la lame se courbe progressivement vers le haut : elle finit par actionner l'interrupteur.

Sous l'effet de la chaleur, les deux métaux s'allongent, mais pas de la même longueur. La lame se courbe donc du côté du métal qui se dilate le moins et finit par actionner un autre interrupteur, qui coupe le courant et libère le dispositif de retenue. Le bouton de contrôle du degré de cuisson modifie la distance entre la lame bimétallique et l'interrupteur. Si la distance est plus grande, la lame met plus de temps à se courber suffisamment pour actionner l'interrupteur et les rôties sont davantage grillées.

Le grille-pain éjecte les tranches de pain aux raisins qu'Antoine attend avec impatience pour les tartiner de beurre. Antoine remarque qu'autour des raisins le pain n'a pas grillé et est resté plus ou moins blanc. Étrange ? Pas tant que ça puisque la surface du pain ne grille que si sa température dépasse 150 °C. Les raisins, même « secs », contiennent un peu d'eau. Lorsqu'ils sont chauffés, ils exsudent de l'eau, qui humidifie le pain autour des raisins. L'humidité limite le réchauffement du pain, qui ne grillera pas tant que l'eau ne sera pas évaporée.

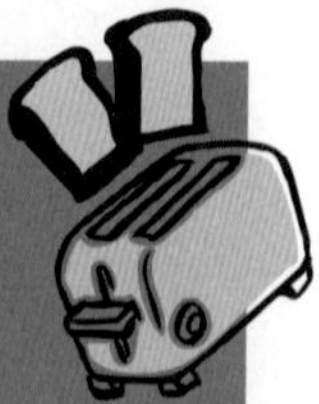

Expérience : Bronzer dans un grille-pain

Mettez dans un grille-pain une tranche de pain en partie humectée. La mie mouillée grille-t-elle ?

Pierre se sert un café et en offre un à Sophie. Celle-ci, revigorée par quelques gorgées du précieux liquide, se fait maintenant griller deux tranches d'un pain acheté il y a plusieurs jours (les enfants mangent le pain frais, eux). En tâtant le pain, Sophie constate que la mie a durci et que la croûte n'est plus croustillante : le pain est rassis.

Pour comprendre pourquoi il rassit, voyons un peu de quoi est fait le pain. Comme toutes les plantes, les céréales produisent, par PHOTOSYNTHÈSE, du glucose, un type de sucre qu'elles stockent dans des grains d'amidon. L'amidon est un polymère (du grec *polus*, « nombreux », et *meros*, « partie ») de glucose, une grosse molécule formée par le rassemblement de nombreuses molécules de glucose. Le diamètre des grains d'amidon est petit : il varie de 2 à 50 micromètres (millionièmes de mètre).

L'endosperme, la partie du grain de blé que l'on consomme, est composé de granules d'amidon répartis dans un réseau de protéines. Une fois raffinée, la farine contient environ 70 % d'amidon ; le reste est constitué de protéines et d'autres glucides.

Quand l'eau est ajoutée à la farine, elle forme des liaisons avec les longues protéines, les isole les unes des autres et « lubrifie » en quelque sorte les protéines. Le pétrissage de la pâte force les molécules à s'aligner plus ou moins parallèlement, favorisant des liaisons plus nombreuses entre les molécules. La pâte devient plus ferme. Les protéines forment ainsi une structure continue dans laquelle sont intercalés les granules d'amidon et de minuscules poches d'air.

Les cellules de levure incorporées à la pâte font ensuite gonfler celle-ci, ce qui réduit la densité du pain. Les levures s'empiffrent de sucres simples, déjà présents dans la farine ou produits par leurs ENZYMES à partir de l'amidon et rejettent ensuite du GAZ CARBONIQUE (CO_2) et de l'alcool. Ce dernier s'évapore en bonne partie en cours de cuisson.

Durant la cuisson, les bulles de gaz prennent de l'expansion à cause de la chaleur et le pain gonfle davantage. Autour de 60 °C, l'amidon se gélifie : les molécules d'amidon se dissolvent partiellement dans l'eau que contient la pâte. Les granules se dilatent et s'amollissent. Quand le pain se refroidit après la cuisson, l'amidon gélifié se solidifie et les protéines coagulent : la pâte est devenue du pain.

Malheureusement, une fois levé, le pain rassit. Les molécules d'amidon se séparent progressivement de l'eau et cristallisent ensemble de nouveau. Le pain devient ferme et friable. Une partie de l'eau relâchée migre jusqu'à la croûte, qui perd ses propriétés croustillantes. Ce processus s'accélère aux températures juste au-dessus de 0 °C. Il est donc préférable d'éviter la réfrigération des pains, même ceux sans agents de conservation.

On peut « réchapper » du pain rassis en le mettant au four ou au grille-pain comme l'a fait Sophie : en réchauffant le pain à 60 °C ou plus, l'amidon se gélifie de nouveau si le pain contient assez d'eau, ce qui est le cas s'il a été conservé dans son emballage.

Sa composition chimique explique aussi que le pain puisse griller. À 150 °C ou plus, les glucides contenus dans le pain réagissent avec les protéines pour former des molécules plus grosses, qui donnent leur couleur brune aux rôties. C'est le même type de réactions, mettant en jeu protéines et glucides, qui brunit la viande que l'on cuit à la poêle ou au four. D'ailleurs, la viande bouillie ou cuite au four à micro-ondes, à une température ne dépassant pas 100 °C, brunit peu ou pas. On peut favoriser le brunissement en couvrant la surface de la viande de glucides ; c'est pourquoi beaucoup de marinades contiennent du sucre.

Pendant que Sophie prépare ses rôties, Rachel mange son bol de riz soufflé. Pourquoi ces céréales crépitent-elles quand on y ajoute le lait ? Le bruit reflète ce qui se passe sur le plan microscopique. Les céréales contiennent des microbulles dont les parois sont faites surtout de glucides. Quand le lait humecte les parois des bulles, il les amollit et les fait gonfler. Comme ce processus n'est pas uniforme, il se produit des tensions qui font éclater des microbulles avec un léger bruit.

Les mélanges de particules

Pierre, lui, s'est versé un bol de flocons d'avoine. Hélas, il arrive au fond de la boîte et, au lieu de trouver de beaux gros flocons, il est réduit à prendre des miettes. Ce triste problème est typique des mélanges de particules de différentes grosseurs.

Quand de tels mélanges sont secoués, les particules les plus petites finissent par se déposer au fond, et ce, même si elles sont moins denses que les grosses. On observe aussi ce comportement dans les pots de noix mélangées, au fond desquels il ne reste toujours que les arachides. Dans le jardin, même si on pense avoir enlevé tous les cailloux une année, on en retrouve encore l'année suivante. Les cailloux remontent !

Expérience : En haut, les gros

Prenez un pot de plastique ou de verre transparent. Mettez-y un peu de gravier, puis couvrez de sable. (Vous pouvez aussi utiliser des pois chiches secs et du couscous, ou d'autres couples de matériaux granulaires de diamètres différents.) Agitez verticalement et latéralement durant un certain temps. Que se passe-t-il dans le pot ?

L'explication ? Quand les particules se déplacent sous l'effet du brassage (ou, dans le cas des grains de terre, sous l'effet du gel ou de l'eau), elles sont temporairement moins tassées. Les petites particules s'insinuent alors sous les grosses, qu'elles empêchent de retourner à leur position originale. À la longue, les petites particules descendent et les grosses remontent. Pour qu'une grosse particule descende, il faudrait que s'ouvre sous elle un grand vide, un processus très peu probable.

Confiture et osmose

Sophie récupère ses tranches de pain et les tartine généreusement de confiture aux fraises. Si ses confitures sont sucrées, ce n'est pas seulement pour donner bon goût, mais pour empêcher les bactéries de les manger à sa place. Placées dans une solution de sucre concentrée, les bactéries meurent à cause d'un phénomène appelé osmose.

La membrane d'une cellule, comme une bactérie, est semi-perméable. Des molécules d'eau passent ainsi de la bactérie à la purée de fruits sucrée, d'autres, de la purée au cytoplasme, à l'intérieur de la bactérie. Cependant, la proportion d'eau contenue dans le cytoplasme est plus grande que celle de la purée de fruits sucrée. Pour cette raison, il sort davantage d'eau de la bactérie qu'il en entre. Disposant de moins d'eau, la bactérie meurt ou ne peut pas se multiplier. Le sucre assure ainsi la conservation sans réfrigération. C'est selon le même principe qu'on salait autrefois le poisson et la viande pour les conserver.

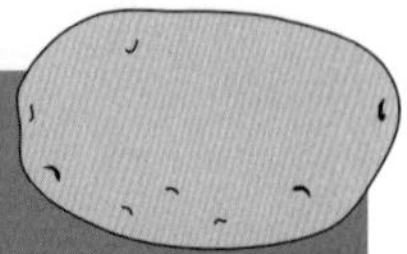

Expérience : Molles, mais pas cuites

Coupez deux tranches épaisses de quelques millimètres d'une pomme de terre. Placez une tranche dans un bol d'eau pure et une autre dans un bol contenant de l'eau très salée.

Comparez les deux tranches au bout d'une demi-heure. Celle placée dans l'eau salée aura perdu de l'eau : la tranche sera molle parce que ses cellules seront moins gonflées.

Le phénomène de l'osmose agit dans plusieurs processus biologiques. Par exemple, c'est par osmose que les petites racines d'une plante absorbent l'eau du sol, normalement moins concentrée en minéraux et SELS (et donc plus concentrée en eau) que le cytoplasme des cellules végétales. C'est pour cela qu'il ne faut pas épandre trop d'engrais près d'une plante : s'il y en a trop, l'eau du sol contiendra alors beaucoup de minéraux et l'osmose se fera dans le mauvais sens, soit des racines vers le sol.

Le réchauffement de l'eau

Pendant qu'au déplaisir de Sophie Pierre se plonge dans la lecture de son journal, les enfants terminent leur petit-déjeuner. Julie, bien qu'elle ait fini son croissant, n'a pas encore touché à son jus d'orange ; Sophie lui rappelle de le boire. Julie lui répond qu'elle aimerait l'avoir plus froid. Impossible, lui rétorque sa mère.

Pourquoi le jus d'orange de Julie s'est-il réchauffé ? Bien sûr, c'est parce qu'il se trouve dans l'air de la cuisine, dont la température est d'environ 20 °C. Mais comment la chaleur de l'air se transfère-t-elle au jus ? C'est encore une question de molécules.

Si on pouvait voir ce qui se passe au point de vue microscopique, on observerait une formidable bagarre. Les molécules d'air foncent à toute vitesse, en moyenne à 500 mètres par seconde, vers les molécules de la surface du jus (surtout des molécules d'eau) ou de la paroi du verre, qui encaissent. Dans la majorité des collisions, les molécules d'air transfèrent de l'énergie aux molécules d'eau ou du verre. Autrement dit, après une collision, la molécule d'air se déplace un peu moins vite et la molécule d'eau est un peu plus rapide (ou celle du verre vibre davantage autour de sa position moyenne). Résultat : l'air proche du verre se refroidit et la surface du jus se réchauffe. D'autres collisions moléculaires au sein du liquide vont finir par réchauffer l'ensemble du jus, et pas seulement la surface.

Bien qu'il ait été versé il y a 15 minutes, le jus d'orange de Julie est encore relativement froid. Il se réchauffe lentement parce qu'il contient surtout de l'eau, laquelle a des propriétés assez spéciales. Pour se réchauffer de 1 °C, un gramme d'eau doit soutirer de son environnement une quantité d'énergie, appelée CHALEUR SPÉCIFIQUE de l'eau, égale à 4,2 JOULES (ou une calorie, unité de mesure désormais périmée). La chaleur spécifique de l'eau est parmi les plus élevées que l'on connaisse. En comparaison, un gramme d'alcool (éthanol) ou de cuivre, pour se réchauffer d'un degré, n'ont qu'à capter respectivement 2,5 ou 0,4 joules !

Ce comportement résulte de la structure de la molécule d'eau. Ayant la forme d'un « V » évasé, la molécule d'eau contient un atome d'oxygène lié fermement à deux atomes d'hydrogène par une liaison intramoléculaire forte (liaison covalente). Au sein d'une molécule, le noyau d'oxygène attire plus fortement les électrons que les noyaux d'hydrogène. Ce déséquilibre dans la répartition des charges électriques fait que l'oxygène acquiert une charge légèrement négative et que les atomes d'hydrogène sont plutôt positifs. On dit que la molécule d'eau est POLAIRE.

Un atome d'oxygène (négatif) d'une molécule peut alors être attiré, grâce aux forces électriques, par un noyau d'hydrogène (positif) d'une autre molécule. Chaque molécule d'eau, de façon temporaire, se lie ainsi à ses voisines. Ces « LIAISONS HYDROGÈNE » sont environ 10 fois moins solides que les liaisons intramoléculaires, mais elles restent plus fortes que les liaisons intermoléculaires d'autres substances que l'eau.

Chauffer l'eau revient à augmenter le mouvement de ses molécules, ce qui suppose la rupture des liaisons hydrogène ou la diminution de leur nombre. Il faut beaucoup d'énergie pour chauffer l'eau (ou, inversement, il faut enlever beaucoup d'énergie à l'eau pour la refroidir). Voilà qui explique qu'il est préférable, pour diminuer notre consommation d'énergie et la pollution associée, de laver les vêtements à l'eau froide ou de réduire la quantité d'eau chaude consommée pour les douches et les bains.

La chaleur spécifique considérable de l'eau a l'avantage de limiter les variations de température des organismes vivants qui contiennent beaucoup d'eau. Elle a aussi des effets à grande échelle : l'eau tempère le climat terrestre. En été, par exemple, les océans et les lacs absorbent une grande quantité d'énergie ; sans eux, la température de l'air et du sol serait beaucoup plus élevée. De la même manière, en hiver, les masses d'eau restituent l'énergie absorbée durant l'été, limitant ainsi la baisse de la température. Dans les régions côtières, la proximité des océans fait que les variations de température annuelles ou quotidiennes sont plus faibles qu'au centre des continents.

Rapports surface-volume et jeunes enfants

Le jus d'orange du verre de Julie s'est réchauffé plus vite que le jus restant dans le pot presque plein que Sophie avait laissé sur le comptoir. C'est que le taux de transfert de chaleur dépend de la surface en contact avec l'environnement. Or, dans le verre, la surface est proportionnellement plus grande que dans le pot.

On dit que le rapport surface-volume est plus grand pour le verre que pour le pot (figure 2.2). La surface d'un cube ou d'une sphère est proportionnelle au carré de la dimension de l'objet (pour un cylindre, comme le pot, c'est un peu plus compliqué, mais la conclusion générale reste valable). Le volume, lui, est proportionnel au cube de la dimension de l'objet. Si l'on double les dimensions d'un objet, la surface est multipliée par 4 mais le volume est multiplié par 8. Comme l'absorption de chaleur

Figure 2.2
Effet du rapport surface-volume

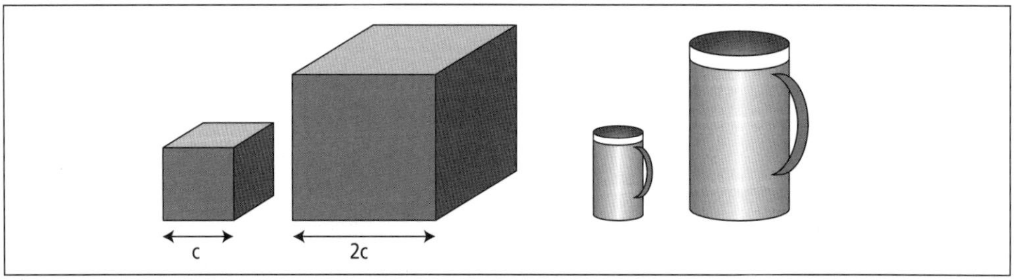

La surface d'une face d'un cube de côté c vaut c^2 et la surface entière du cube vaut $6c^2$, car le cube comporte 6 faces. Le volume d'un cube de côté c vaut c^3. Pour le cube de côté 2c, la surface entière vaut $6 \times (2c)^2 = 24c^2$ et le volume vaut $(2c)^3 = 8c^3$. En doublant les dimensions du cube, le rapport surface-volume passe de $6c^2/c^3$, soit 6/c, à $24c^2/8c^3$, soit 3/c, et diminue donc de moitié. En passant d'un verre à un pot de jus deux fois plus gros, le rapport surface-volume diminue aussi, mais pas d'un facteur 2, parce que verre et pot ne sont pas cubiques.

dépend de la surface, elle se fait 4 fois plus vite. Mais la quantité de matière à réchauffer est proportionnelle au volume et est multipliée par 8. Dans un pot contenant plus de jus qu'un verre, la température du jus grimpera donc moins vite que dans le verre.

Les rapports surface-volume ont beaucoup de conséquences dans la vie ordinaire. Par exemple, par rapport à son poids, un jeune enfant a une plus grande surface de peau qu'un adulte : il perd donc sa chaleur plus vite. C'est pourquoi il faut bien emmitoufler les petits en hiver, de façon à compenser le rapport surface-volume par la qualité de l'isolation thermique. Les animaux ont le même problème : les animaux de petite taille doivent manger beaucoup pour compenser leurs pertes thermiques, proportionnellement plus grandes que celle des animaux de grande taille. Par unité de poids, une souris peut manger 50 fois plus qu'un éléphant ! Les animaux s'adaptent : les zoologistes ont découvert que, pour la même espèce, les individus vivant dans un climat froid sont un peu plus gros.

Les rapports surface-volume ont aussi de l'importance en chimie. Les particules très fines ont une surface exposée proportionnellement plus grande que des grains plus gros, ce qui accélère les réactions chimiques. Certaines particules fines, comme la farine ou les poussières d'aluminium, peuvent même être explosives dans certaines conditions. En suspension dans l'air, elles peuvent réagir rapidement avec l'oxygène ou l'eau et entraîner une réaction explosive. Certains types de « compresses chaudes » (*hot packs*, en anglais), pochettes utilisées pour réchauffer une partie du corps, utilisent une réaction chimique qui dégage de la chaleur : la formation de la rouille. Ces

« compresses » contiennent principalement de l'eau et du fer, lequel est concassé en particules très fines, de manière à accélérer la réaction et à dégager de la chaleur rapidement.

En astronomie, le rapport surface-volume influence la température d'une planète. Une grosse planète perd proportionnellement moins de chaleur dans l'espace qu'une petite planète, qui se refroidit donc plus vite. C'est une des raisons qui fait que Mars, dont le diamètre est la moitié de celui de la Terre, a une température moyenne d'à peine −40 °C (les autres raisons étant l'absence d'une atmosphère notable et l'éloignement du Soleil).

Lait et yaourt

Antoine, Julie et Rachel terminent leur petit-déjeuner en buvant une solution chimique contenant 87 % d'eau, 5 % de glucides, surtout du lactose, ainsi que des LIPIDES (dont du gras) et des minéraux, tels le calcium et le magnésium. Dans ce liquide appelé lait, on y retrouve aussi plusieurs vitamines, dont la vitamine A, logée dans de petites gouttes de gras dont le diamètre, dans du lait homogénéisé, est d'environ un millième de millimètre. Dans le lait écrémé, le gras est enlevé et les fabricants doivent ajouter de la vitamine A au lait pour compenser la vitamine perdue.

Les gouttelettes de gras contiennent aussi de la carotène, une molécule du type de celles qui donnent leur couleur jaune ou orange aux fruits et aux légumes. Quand on fabrique du beurre, les gouttelettes sont brisées et la carotène confère au beurre sa couleur jaunâtre. On dit que la carotène est le précurseur de la vitamine A car, dans l'intestin, des cellules la transforment en vitamine A.

Le lait contient aussi environ 3 % de protéines. La caséine, qui constitue plus de 80 % de celles-ci, a la propriété de former des micelles, des globules dont le diamètre varie de 10 à 100 nanomètres (milliardièmes de mètre). Les micelles sont dispersées dans l'eau ou agglutinées autour des petites gouttes de gras. Dans cette soupe, enfin, nagent de nombreuses bactéries : un verre de lait peut en contenir plus d'un million, même après pasteurisation ! Heureusement, elles ne sont pas pathogènes et la réfrigération limite leur reproduction pendant un certain temps.

Pierre, lui, mange un yaourt, qui est du lait un peu modifié. Quand on ajoute au lait des bactéries, comme *Lacobacillus bulgaricus*, celles-ci consomment le lactose et rejettent de l'ACIDE lactique, lequel altère l'environnement des micelles de caséine. Normalement, celles-ci portent une faible charge négative, qui fait que les micelles se repoussent les unes les autres. Mais l'acide lactique apporte des IONS hydrogène positifs qui neutralisent les charges négatives ; alors les micelles se lient, s'agrègent et forment des amas et des chaînes. L'eau, le gras, les minéraux et le reste du lactose se trouvent piégés dans ce réseau de protéines. Cela vous rappelle quelque chose ? Eh oui, le yaourt est aussi un gel, comme les gelées de fruits... et le matériau absorbant des couches mouillées !

Dentifrice et fluor

Après le petit-déjeuner se produit une ruée vers la salle de bain. Antoine et Julie se chamaillent pour mettre la main sur le dentifrice. Celui-ci, qu'ils trouvent si bon, contient un abrasif et un DÉTERGENT pour nettoyer les dents ainsi que plusieurs additifs.

L'abrasif, qui peut être du carbonate de calcium (de la craie), contribue avec la brosse à déloger les substances alimentaires et la plaque dentaire, cette couche de bactéries et de glucides insolubles qui se forme sur les dents entre chaque brossage. Le détergent contribue au nettoyage des dents tout en formant une mousse appréciée. Le détergent le plus utilisé est le laurylsulfate de sodium.

Seuls, abrasif et détergent n'ont rien pour allécher Antoine et Julie. Pour en améliorer le goût, les fabricants ajoutent à la pâte dentifrice une essence comme la menthe ainsi que des édulcorants donnant une saveur sucrée. Le prix de ces additifs peut compter pour le tiers du coût du dentifrice ! Beaucoup de dentifrices comportent aussi du dioxyde de titane, un pigment blanc aussi utilisé dans les peintures et les crèmes solaires. Le pigment augmente la blancheur des dents, au moins pendant les premières heures suivant le brossage.

On retrouve aussi, dans un dentifrice, un agent liant, comme la pectine (également utilisée dans la préparation des confitures), l'amidon ou un alginate. L'agent liant assure au dentifrice une consistance homogène et lui donne du « corps ». Des agents mouillants, comme la glycérine ou le sorbitol, gardent la pâte fluide et l'empêchent de sécher trop rapidement lorsqu'elle est exposée à l'air. Enfin, un colorant donne sa couleur au dentifrice.

Julie pourrait se brosser les dents sans dentifrice ou avec du savon. Mais le dentifrice est préférable parce qu'il apporte du fluor à ses dents. Les bactéries de la plaque dentaire se nourrissent des sucres que Julie leur fournit obligeamment en mangeant. En retour, elles libèrent des acides, comme l'acide lactique (celui du yogourt), l'acide acétique (qu'on retrouve dans le vinaigre), etc., qui attaquent l'émail des dents. Plus dur que le marbre, l'émail est pourtant vulnérable chimiquement. Les ions hydrogène des acides réagissent avec les ions phosphate de l'émail et dissolvent lentement l'émail. La surface des dents peut rester à peu près intacte grâce aux minéraux apportés par la salive, qui la reconstituent, mais les acides continuent leur travail de sape sous la surface, et c'est la carie.

Les ions fluor du dentifrice peuvent prendre la place d'autres atomes dans l'émail, rendant celui-ci plus résistant aux acides. C'est pourquoi on ajoute du fluorure de sodium ou du monofluorophosphate de sodium aux dentifrices. Les dentistes conseillent même de garder le dentifrice en bouche quelques minutes pour augmenter la quantité de fluor absorbée par la surface des dents.

Rachel veut faire comme Antoine et Julie et réclame sa brosse à dents. Pierre la lui fournit, tout en n'y mettant qu'une très faible quantité de dentifrice, juste assez pour que ça « goûte » : trop de fluor peut tacher ou décolorer les dents. Comme les jeunes enfants contrôlent mal leur déglutition et avalent souvent leur dentifrice, il faut éviter de leur en mettre beaucoup. L'ingestion quotidienne du dentifrice étalé sur toute la longueur d'une brosse pourrait causer des problèmes ; avec un petit pois de pâte, il n'y a pas de danger.

Mousse à raser et antisudorifique

Pendant que les enfants passent successivement au petit coin, Pierre entame une dure tâche : éliminer les poils, qui poussent d'environ un demi-millimètre par jour, dans le bas de son visage. Le rasage n'a rien de doux pour la peau et se traduit par des milliers de coupures microscopiques et par une éruption cutanée. Mais Pierre n'a pas le choix : en l'embrassant ce matin, Sophie lui a dit que ça piquait.

Outre le savon, la mousse à raser est l'un des rares produits de toilette qu'achètent la plupart des hommes. Appliquée avant le rasage, elle réduit la friction du rasoir sur la peau et amollit les poils. L'absorption d'eau et d'huiles fait gonfler les poils, ce qui les rend plus faciles à couper. Mais Pierre apprécie surtout la mousse parce qu'elle lui indique les endroits qui n'ont pas encore été rasés…

Une mousse à raser comprend généralement de l'eau, des corps gras (huile minérale, lanoline, huiles végétales), un SURFACTIF (comme le laurylsulfate de sodium) qui améliore la stabilité du mélange eau-corps gras et souvent un savon. Pierre utilise une mousse à raser en tube mais la majorité des mousses sont vendues en aérosols. Malheureusement, l'aérosol coûte plus cher et entraîne plus de déchets, tout ça pour une belle mousse épaisse dont les neuf dixièmes ne sont pas en contact avec la peau ou les poils et ne servent donc strictement à rien !

Après avoir réglé un premier problème de poils, Pierre s'attaque au second. Cette fois, c'est de l'entretien préventif : il applique un antisudorifique sous ses aisselles. La sueur contient près de 99 % d'eau, mais aussi du chlorure de sodium (du sel), des minéraux, des glucides, des protéines, etc. Quand les bactéries présentes sur notre peau font de la biotechnologie avec ces matières premières, elles produisent de l'ammoniac et des mercaptans. Ces derniers contiennent du soufre et sentent mauvais ; les sécrétions défensives de la mouffette contiennent d'ailleurs des mercaptans.

Pour contrer ces mauvaises odeurs, Pierre peut soit les remplacer par des arômes plus alléchants, avec un parfum, soit tenter d'éliminer les bactéries, avec un désodorisant, ou encore empêcher la sueur de sortir, avec un antisudorifique. Le principe actif de la plupart des antisudorifiques est un sel d'aluminium, tel l'hydroxychlorure [$Al_2(OH)_5Cl$]. Étrangement, on ne connaît pas encore avec certitude le mécanisme de son action. Une dizaine de théories ont été proposées, dont la plus généralement acceptée actuellement considère que les sels d'aluminium entraînent la formation d'un « bouchon » polymérique qui obstrue les pores des glandes sudoripares. Mais on est loin de l'efficacité parfaite : un antisudorifique ne réduit que de moitié la quantité de sueur excrétée.

Toilettes et chasse-d'eau

Antoine termine son passage aux toilettes en actionnant la chasse d'eau. En appuyant sur la manette, il met en mouvement un levier situé à l'intérieur du réservoir, dont la tige tire sur une petite chaîne reliée au clapet qui obture la bonde du réservoir.

Figure 2.3
Coupe transversale d'une cuvette de toilettes

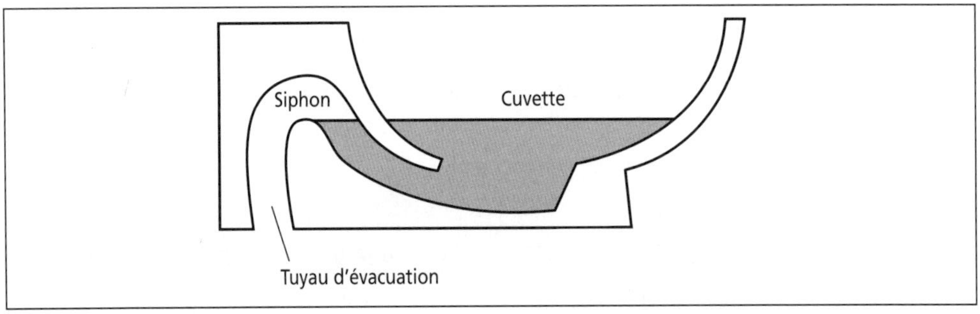

Le fonctionnement des toilettes est facile à comprendre si l'on considère le schéma en coupe de la cuvette (figure 2.3). L'élément important est le siphon, un passage sinueux moulé dans l'arrière de la cuvette. La cuvette et le siphon constituent des « vases communicants » : entre deux chasses, l'eau s'y trouve au même niveau. Si ce n'était pas le cas, le poids de l'eau dans la région où l'eau est la plus haute exercerait une PRESSION qui ferait passer de l'eau dans l'autre région, jusqu'à ce que le niveau s'égalise.

Si nous versons une, deux, dix tasses d'eau une à la suite de l'autre dans la cuvette, bizarrement, le niveau d'eau ne change pas. L'eau ajoutée se répartit entre la cuvette et le siphon. Comme le montre la figure 2.3, si l'on tente d'augmenter le niveau d'eau dans le siphon, l'eau s'écoule dans le tuyau d'évacuation.

Par contre, si l'on ajoute d'un coup un plein seau d'eau, la toilette se vide ! Cette fois, l'ajout rapide d'une grande quantité d'eau remplit le siphon. Il se produit la même chose que quand on vide une piscine hors-terre au moyen d'un boyau (sans pompe) dont l'extrémité est plongée dans l'eau et l'autre extrémité se trouve à l'extérieur de la piscine, sous le niveau de l'eau dans la piscine. Par son poids, l'eau est entraînée vers l'extérieur et dans la partie inférieure du boyau. Il en va de même pour le siphon et le tuyau d'évacuation. Dans le siphon, l'eau est « tirée » par le poids de la colonne d'eau descendante, qui ne se rompt pas grâce aux forces intermoléculaires qui assurent la cohésion de l'eau.

Dès que la cuvette est vide, de l'air entre et, moins dense que l'eau, monte et s'amasse dans le haut du siphon. La colonne d'eau est rompue. L'eau qui remplit ensuite la cuvette ne peut pas sortir.

Quand Antoine actionne la chasse, une partie de l'eau du réservoir suit un tuyau moulé dans la porcelaine et sort en jet dans le fond de la cuvette, remplissant rapidement le siphon et entraînant les matières solides déposés au fond. Le reste de l'eau suit les passages moulées dans le rebord supérieur de la cuvette, d'où elle s'écoule par des petits trous, nettoyant la paroi de la cuvette.

Tous les appareils sanitaires, lavabos, bains, renvois de lave-linge, contiennent des siphons, comme on peut s'en assurer en regardant sous un lavabo. Ce n'est pas un truc de plombier pour vendre davantage de raccords et de bouts de tuyaux ! Une fois l'eau évacuée par le système de drainage, des gaz malodorants pourraient refluer de l'égout ou de la fosse septique. Pour leur bloquer le passage, on leur oppose une barrière liquide, celle de l'eau restant dans les siphons.

Vitre et miroir

Remontée en vitesse à la chambre, Sophie met aussi la dernière main à ses préparatifs et s'installe devant le miroir. Celui-ci a été fabriqué à partir d'une vitre ordinaire sur laquelle on a pulvérisé une solution contenant un sel d'argent, puis un autre produit qui a réagi avec le sel. Après rinçage, il n'est resté qu'une couche d'argent, dont un second revêtement, généralement de cuivre, empêche l'oxydation.

Le processus de fabrication de la vitre elle-même est fort intéressant. Le verre est fabriqué à partir de sable (SiO_2), de soude (Na_2CO_3) et de calcaire ($CaCO_3$), trois produits faciles à obtenir et peu coûteux. Ces minéraux sont mélangés et chauffés à environ 1 500 °C. Une fois le mélange fondu, on en ramène la température sous les 1 000 °C : toujours en fusion, ce verre a une consistance rappelant celle du miel fondu. Pour faire une vitre, on coule la pâte de verre sur un bain d'étain en fusion. L'étain, qui fond à 232 °C, est plus dense que le verre, ce qui empêche les deux substances de se mélanger. La surface de l'étain est parfaitement horizontale et le verre s'y étend uniformément, sauf sur les bords, qui sont plus tard coupés. La vitre est donc très lisse sur ses deux faces et d'une épaisseur constante.

Si auparavant toutes les fenêtres étaient à carreaux, c'est qu'on n'arrivait pas à produire de larges panneaux de verre suffisamment uniformes. À l'époque romaine, c'était encore pire. Le verre était coulé dans des moules : le dessus de la vitre était lisse, mais le dessous, en contact avec un fond imparfaitement lisse, restait mat. Les vitres des Romains n'étaient pas transparentes mais translucides, comme nos vitres de salle de bain !

Expérience : Miroir, gentil miroir...

Ce n'est pas évident, mais le verre n'est pas complètement rigide. Vous pouvez éprouver son élasticité en déformant un grand miroir, comme celui qui est fixé à une commode. Tirez doucement le haut du miroir vers vous, tout en poussant le centre vers le mur. Observez votre image dans le miroir, puis relâchez.

Pendant que vous poussiez, votre image était légèrement déformée, parce que le miroir n'était plus parfaitement plat. En le relâchant, il a repris sa forme normale et votre image a retrouvé la sienne.

Les personnes ayant vécu un ouragan sont en première ligne pour constater l'élasticité du verre. Durant un ouragan, la pression extérieure peut temporairement être plus faible d'environ 1 % par rapport à la pression à l'intérieur d'une maison. Cette différence suffit à faire bomber d'un à deux centimètres une vitre épaisse de 3/16 pouces (4,8 millimètres) et de dimensions ordinaires.

Le rouge à lèvres

Sophie entrouvre les lèvres et commence à appliquer du rouge. Minces régions charnues, les lèvres constituent la zone de transition entre la peau ordinaire et la muqueuse buccale. Les cellules y contiennent moins de kératine (une protéine) qu'ailleurs, ce qui rend l'épiderme assez transparent et laisse voir la couleur rouge du sang circulant dans les capillaires.

Le rouge à lèvres contient principalement des corps gras, des huiles et des cires. Il doit en effet être constitué d'ingrédients insolubles dans l'eau; autrement, il se dissoudrait dans la salive qui humecte les lèvres. Par exemple, une des marques de rouge les plus connues contient près de 50 % d'huile de ricin, la plus visqueuse des huiles végétales, anciennement utilisée comme purgatif. On y retrouve aussi de la lanoline (graisse extraite de la laine) acétylée, de l'huile végétale hydrogénée (aussi employée en cuisine sous le nom de shortening), du polybutène, de la cire de candélilla et de la cire de carnauba. D'autres fards à lèvres contiennent de la cire d'abeille, de la vaseline, de la paraffine ou des silicones. Un bon mélange doit être thixotrope, c'est-à-dire rester solide en temps normal mais s'amollir sous la pression quand on l'applique.

Évidemment, un fard à lèvres contient aussi des pigments, surtout des pigments organiques mais parfois des pigments inorganiques, tels des oxydes de fer (la rouille, par exemple). L'ajout de fines particules de mica et de dioxyde de titane donne de la brillance. On retrouve également, dans tout rouge à lèvres, un léger parfum et, pour empêcher les graisses de rancir, un agent de conservation et un antioxydant (vitamine E, BHA ou BHT).

Tout en appliquant son rouge à lèvres, Sophie s'observe dans le miroir. Elle peut se voir parce qu'une petite quantité de la lumière présente dans la chambre, provenant de la lampe ou de la fenêtre (il fait maintenant clair à l'extérieur), atteint son visage, où elle est absorbée ou réfléchie. Une partie de la lumière réfléchie atteint le miroir, dont la couche d'argent la renvoie à nouveau dans la pièce. Enfin, une fraction de la lumière réfléchie par le miroir atteint la pupille des yeux de Sophie, grâce à quoi celle-ci peut se voir.

Une autre portion de la lumière réfléchie atteint les yeux de Pierre, revenu à la chambre pour prendre sa montre et son portefeuille, à qui elle permet d'admirer sa compagne. Mais tout le reste de la lumière provenant du visage de Sophie se perd dans la chambre au bout de multiples réflexions et absorptions partielles sur les murs et la surface des objets.

Des bijoux en or

Sophie s'entoure ensuite le cou d'une mince chaîne en or. La valeur de ce métal vient de sa rareté et du fait qu'il est le seul à résister à la corrosion. Tous les autres métaux, du fer qui rouille à l'argent qui noircit ou au cuivre qui verdit, s'oxydent, c'est-à-dire s'associent facilement avec l'oxygène. L'atome d'or réagit peu, chimiquement, parce que même son électron le plus extérieur est fortement lié au noyau, ce qui nuit à l'établissement de liaisons avec d'autres atomes (dont l'oxygène).

L'or coûte cher aussi parce qu'il apparaît en concentrations très faibles : la croûte terrestre ne contient en moyenne que 2 milligrammes d'or par tonne. Même un filon contient moins de 10 grammes par tonne de minerai ! La production mondiale d'or dépasse actuellement 2 000 tonnes par année ; regroupés, les déchets engendrés constitueraient une petite montagne de plus de 400 mètres de haut. La bijouterie consomme 80 % de l'or produit, le reste servant pour la décoration, la monnaie, la dentisterie et l'électronique, où l'or permet d'effectuer d'excellentes soudures.

Pour extraire l'or du minerai, on commence par broyer celui-ci jusqu'à ce qu'il ait la consistance de la farine. On procède ensuite à la séparation par gravimétrie en mettant la poudre dans l'eau : comme l'or est très dense (19,2 grammes par centimètre cube), les particules qui en contiennent coulent au fond où elles sont récupérées. Reste à séparer l'or des minéraux au sein desquels il se trouve encore. Pour la majeure partie de la production, les particules sont immergées dans une solution de cyanure de potassium, où l'or se lie aux ions cyanure en solution. On sépare ensuite la solution des solides restants et on ajoute du zinc, ce qui entraîne une autre réaction chimique, à l'issue de laquelle l'or est libéré. Le cyanure est un poison dangereux, mais en l'utilisant avec précaution (bonne ventilation, etc.), il ne cause pas d'intoxication. Malheureusement, il se produit parfois des rejets accidentels, comme en février 2000 en Roumanie, où 100 000 mètres cubes d'eau contaminée par du cyanure et des métaux lourds toxiques se sont échappés dans des cours d'eau après la rupture de la digue du réservoir d'une mine.

Le traitement difficile et le coût de l'or font que l'on recycle depuis longtemps ce métal. On estime que la production d'or a atteint 10 000 tonnes dans l'Antiquité, sur une quantité totale de 160 000 tonnes extraites jusqu'à aujourd'hui. Il est donc possible que la chaîne de Sophie comporte quelques atomes d'or ayant fait partie de bijoux portés par, disons, Cléopâtre !

Un gramme d'or peut être étiré pour donner un fil de plusieurs kilomètres de longueur ou battu pour former des feuilles d'or de près d'un mètre carré et d'un dixième de micromètre d'épaisseur ! À cause de cette tendreté de l'or, un bijou comme la chaîne de Sophie n'est jamais constitué d'or pur, mais plutôt d'un alliage avec de l'argent, du cuivre et du nickel. Le terme « carat » décrit la proportion d'or en poids : de l'or pur correspond à 24 carats et un anneau constitué d'or à 18 carats contient 75 % d'or et 25 % d'autres métaux. Il ne faut pas confondre avec l'autre « carat » utilisé pour décrire la grosseur d'un diamant ; dans ce cas, un carat est une unité de masse qui équivaut à 0,2 gramme.

Le thermomètre à liquide

Maintenant parée, Sophie rejoint Pierre et les enfants qui, après avoir consulté le thermomètre, s'habillent chaudement pour sortir : il fait –12 °C. Brrr ! Le mercure est descendu durant la nuit. Le mercure ? Dans un thermomètre domestique, le liquide de couleur rouge ou bleu n'est pas du mercure mais généralement un ALCOOL, méthanol ou éthanol, coloré. Le méthanol coûte moins cher et a l'avantage de ne se solidifier qu'à –94 °C (–39 °C pour le mercure). De plus, en cas de bris du thermomètre, l'alcool ne représente pas un risque pour la santé ou l'environnement, contrairement au mercure, qui est toxique.

Le fonctionnement d'un thermomètre ordinaire repose sur le principe de la dilatation et de la contraction d'un liquide en fonction de la température. Les atomes ou les molécules font un peu comme nous : quand il fait chaud, ils jouent du coude afin d'éloigner leurs voisins. Quand la température augmente, les atomes ou molécules bougent davantage et s'éloignent les uns des autres. En conséquence, le liquide se dilate. Il en va de même pour un gaz ou un solide, situation que nous avons déjà rencontrée avec la lame bimétallique du grille-pain.

Dans un thermomètre, un tube capillaire de faible diamètre interne (de l'ordre de 0,1 mm) est connecté à un réservoir contenant un liquide. Quand la température augmente, une faible expansion oblige le liquide contenu dans le réservoir à monter de façon perceptible dans le tube. Le réservoir se dilate aussi, mais l'expansion du liquide est supérieure à celle du verre.

Les premiers thermomètres avec tube et liquide datent du 17e siècle. On les calibrait en notant la position de la colonne de liquide pour deux situations de référence données, puis on divisait l'espace entre les deux positions de référence en intervalles égaux. L'Italien Francesco Sagredo décida d'utiliser pour son thermomètre 360 intervalles comme les 360 degrés d'un cercle complet, d'où l'utilisation du terme « degré » pour décrire la température.

L'échelle Celsius, mise au point par le Suédois Anders Celsius en 1742, utilise comme références les points de fusion et d'ébullition de l'eau, l'intervalle entre les deux étant divisé en 100 degrés. Faisant bande à part, les pays anglo-saxons ont longtemps utilisé l'échelle Fahrenheit, élaborée par Gabriel Fahrenheit un peu avant celle de Celsius. Son zéro correspondait à la température d'un mélange précis d'eau, de glace et de sel ; à l'époque, on ne savait pas que l'eau pure gèle toujours à la même température (à pression donnée). La température de référence supérieure était celle du corps humain, que l'on croyait alors constante chez des personnes en santé. Fahrenheit établit à 96 degrés la valeur de cette température, probablement parce que

96 se divise facilement par 2, 3, 4, 8 et 12, ce qui facilitait la graduation des thermomètres. Plus tard, on modifia un peu l'échelle en retenant les valeurs de 32 °F et de 212 °F pour les points de fusion et d'ébullition de l'eau, ce qui permettait de conserver des degrés presque équivalents à ceux de l'échelle initiale.

En plus de présenter un risque en cas de bris, le mercure est moins « efficace » qu'un alcool : il se dilate environ cinq fois moins pour une même variation de température. Pourquoi alors met-on du mercure dans les thermomètres de laboratoire ou les thermomètres médicaux ? C'est que le mercure, au contraire de l'alcool, se dilate à peu près linéairement, c'est-à-dire qu'à deux valeurs différentes, quand la température augmente d'un degré, la colonne de mercure s'allonge de la même distance. Le thermomètre est ainsi plus précis.

Selon la position d'où on observe le thermomètre, la largeur de la colonne de liquide semble varier ; elle paraît à son maximum quand on se trouve directement devant le thermomètre. C'est un effet d'optique. La forme du tube de verre est conçue pour que la colonne de liquide paraisse élargie, comme si on la regardait à travers une loupe.

Sophie aide Rachel à enfiler son costume d'hiver, puis lui met ses bottes. Pierre ajuste l'écharpe de Julie et rappelle à Antoine de ne pas oublier son lunch. Maintenant habillés, les enfants commencent à avoir chaud. C'est le temps de quitter la maison pour vaquer aux activités sociales passionnantes que sont l'école et le boulot.

Un matin parmi tant d'autres

La neige

Dehors, c'est plutôt silencieux. Les enfants restent tranquilles; le temps froid calmerait les plus excités. En outre, la neige légère qui continue à tomber atténue le bruit. Alors que l'asphalte, par exemple, réfléchit bien le son, la neige fraîche, poreuse, absorbe une bonne partie des ondes sonores.

En disant qu'il est tombé 10 centimètres de neige durant la nuit, la radio est un peu vague. En effet, la densité de la neige peut varier beaucoup: de 0,03 gramme par centimètre cube (g/cm^3) pour de la neige poudreuse à 0,25 g/cm^3 pour de la neige mouillée et entassée par le vent. L'épaisseur de la neige ne suffit pas à décrire l'importance de la précipitation… ni l'effort qu'il faudra fournir pour pelleter!

La densité moyenne de la neige est d'environ 0,10 g/cm^3, 10 fois moins que celle de l'eau. Autrement dit, en fondant, 10 centimètres de neige donneront en moyenne un centimètre d'eau. Pour quantifier exactement les précipitations de neige, les stations météorologiques évaluent le poids de la neige tombée, mais cette information n'est pas fournie au public. Par contre, elle est utile aux autorités civiles, qui veulent prévoir ou atténuer les inondations printanières, ou aux compagnies d'électricité, qui veulent gérer le niveau d'eau dans les réservoirs des centrales hydroélectriques.

Pierre démarre l'auto, y installe Rachel, puis entreprend de déneiger les vitres. Antoine et Julie partent à pied pour l'école, située à un kilomètre; Sophie les accompagne jusqu'à l'endroit où elle prend l'autobus.

Les gaz d'échappement de l'auto

En passant près de l'auto, Antoine traverse le nuage de fumée qui sort du tuyau d'échappement et, pour taquiner son père, fait semblant de tousser: «La pollution, papa!» Ironiquement, ce qui rend cette fumée visible, c'est son seul composant qui n'est pas nuisible : la vapeur d'eau, qui est de l'eau sous forme gazeuse. Transparente et invisible, la vapeur provient de la combustion de l'essence. En sortant dans l'air froid de ce matin d'hiver, elle se condense en minuscules gouttelettes, pourtant assez grosses pour réfléchir la lumière, ce qui les rend visibles. L'été, la combustion dégage autant de vapeur, mais celle-ci ne se condense pas dans l'air chaud et reste invisible.

Les vrais polluants compris dans les gaz d'échappement d'un véhicule automobile sont invisibles : oxydes d'azote, composés organiques (contenant du carbone et de l'hydrogène) volatils, monoxyde et dioxyde de carbone, etc. Dans les pays développés, environ 40 % de ces polluants sont générés par la circulation automobile ; le reste vient surtout du chauffage domestique, de l'industrie et des centrales thermiques.

Les oxydes d'azote sont engendrés par une combustion se faisant à haute température en présence d'air, comme dans un moteur d'automobile. L'azote et l'oxygène de l'air réagissent ensemble et forment de l'oxyde d'azote (NO) puis du dioxyde d'azote (NO_2), irritant pour les poumons. La réaction du NO_2 avec l'eau et l'oxygène mène aussi à la formation d'acide nitrique, HNO_3, constituant majeur des pluies acides.

Quand il fait soleil, une partie des molécules d'oxydes d'azote absorbent l'énergie lumineuse et se brisent, libérant des atomes d'oxygène. Un atome d'oxygène (O) peut se combiner à une molécule d'oxygène (O_2) et former de l'ozone (O_3), qui contient trois atomes d'oxygène. Comme l'ozone est plus dense que l'oxygène et l'azote, il tend à rester près du sol. La concentration d'ozone dans l'air est généralement plus élevée en été qu'en hiver, surtout parce que l'ensoleillement est supérieur durant la saison chaude.

Le smog

Le cas de l'ozone montre qu'il y a pollution quand une substance donnée se trouve en trop grande quantité au mauvais endroit. Dans la stratosphère, à plus de 10 kilomètres d'altitude, la présence d'ozone est bénéfique, car ce gaz absorbe et bloque une grande partie des rayons ultraviolets les plus énergétiques en provenance du Soleil. Mais au sol, c'est une autre affaire. L'ozone, très réactif, irrite les voies respiratoires, corrode les matériaux et diminue la croissance des plantes et le rendement des récoltes, même à la campagne, où il est amené des villes par le vent. À cause du temps nécessaire pour que se fassent les réactions chimiques qui engendrent l'ozone, la concentration de ce gaz est même parfois plus grande à la campagne qu'en ville.

Le dioxyde de carbone (CO_2), ou gaz carbonique, est un autre exemple de composé utile en faible concentration mais nuisible à concentration élevée. Toute combustion de matière organique génère du gaz carbonique. Dans le processus de la photosynthèse, les végétaux utilisent comme matières premières du gaz carbonique et de l'eau et engendrent de l'oxygène, du glucose et les autres composés organiques complexes essentiels à leur croissance.

L'effet de serre

Le gaz carbonique assure aussi à la Terre un climat accueillant, suffisamment chaud, grâce à un phénomène appelé « effet de serre ». Le sol terrestre absorbe la lumière solaire puis, chauffé, réémet une bonne part de cette énergie sous forme de rayonnement infrarouge. Or, les molécules d'azote et d'oxygène de l'atmosphère absorbent très peu l'infrarouge. Si tous les rayons infrarouges étaient dissipés dans l'espace, la température moyenne sur Terre serait d'environ –20 °C et la majeure partie de la planète serait gelée.

Heureusement, des molécules comme le CO_2, l'eau et le méthane absorbent l'infrarouge dans la basse atmosphère et le réémettent dans toutes les directions, y compris vers la surface terrestre (figure 3.1). Ce processus maintient sur Terre une température moyenne d'environ 15 °C, favorable à la vie. On l'appelle « effet de serre » parce qu'il est plus ou moins analogue à ce qui passe dans une serre, où les parois et le toit laissent entrer la lumière visible mais empêchent la fuite de la chaleur (en réalité, ils conservent la chaleur en retenant l'air chaud et non en captant les rayons infrarouges).

Figure 3.1

Transferts d'énergie à la surface de la Terre

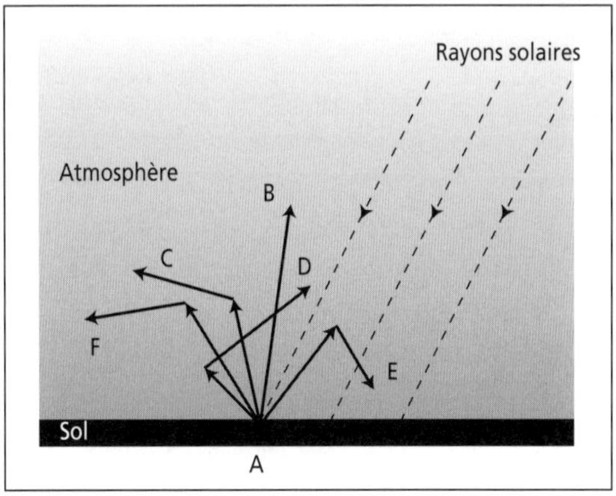

Les rayons solaires traversent l'atmosphère et chauffent le sol (point A), qui absorbe une partie de l'énergie et en réémet une autre sous forme de rayons infrarouges. Ces rayons s'échappent directement dans l'espace (rayon B) ou peuvent être absorbés par les molécules de CO_2 et réémis dans diverses directions (rayons C et D), y compris vers le sol (rayons E et F).

L'effet de serre est donc bénéfique ; c'est son intensification qui est nuisible. Avec l'accroissement des concentrations de molécules absorbantes dans l'air, la température de l'atmosphère augmente. La teneur en vapeur d'eau de l'atmosphère est limitée par le fait que l'eau retombe en pluie quand sa concentration atteint un certain niveau. Par contre, le CO_2 et le méthane[1] n'ont pas cette limitation. Le CO_2 ne constitue que 0,03 % de l'atmosphère, mais sa concentration depuis 1800 a augmenté de plus de 30 %, principalement à cause de l'utilisation de plus en plus intense des combustibles fossiles, pétrole et charbon. Les pays industrialisés sont responsables de 75 % des émissions de CO_2.

Une seule auto comme celle de Pierre injecte dans l'atmosphère en moyenne cinq tonnes de CO_2 par année. Pierre lui-même, en respirant, produit aussi du CO_2... mais 12 fois moins que son auto.

La première loi de Newton

Oublions ces considérations atmosphériques pour revenir sur terre. Ayant quitté leur mère, Antoine et Julie poursuivent leur chemin jusqu'à l'école. En entrant dans l'établissement, quelques minutes plus tard, ils frappent leurs bottes contre le sol. Bien qu'ils aiment faire du bruit, l'opération vise plutôt à détacher la neige de leurs chaussures. Les deux écoliers appliquent inconsciemment un important principe de physique, appelé la première loi de Newton : en l'absence de force, un objet en mouvement tend à continuer en ligne droite à vitesse constante. En projetant un pied vers le sol, ils mettent en mouvement la botte et la neige qui y adhère. Quand la botte frappe le sol, ce dernier exerce sur elle une force qui l'arrête très vite. La neige qui se trouve sur ses côtés ou entre ses crampons ne touche pas le sol et tend donc à continuer son mouvement, donc à se décoller de la botte.

C'est en suivant intuitivement le même principe qu'après les avoir lavées, on se secoue les mains. Quand celles-ci arrivent au bout de leur course, l'eau continue son mouvement... et gicle partout. Même chose quand on secoue les tapis pour en chasser la poussière. Dans certains cas, les effets de cette loi de la nature sont plus désagréables. Par exemple, une auto qui roule trop vite dans une courbe verglacée quitte la route. Le frottement entre la glace et l'auto est si faible que l'auto est soumise à une force totale presque nulle. Elle continue tout droit et sort de la route.

Le corollaire de cette loi, c'est que pour changer de direction ou de vitesse, il faut subir une force. L'auto qui suit la route dans un virage non incliné le fait parce qu'elle subit la force de frottement exercée par la surface de la route sur ses pneus ; si la

1. Le méthane, de formule CH_4, provient surtout d'organismes vivants. Les rizières et l'élevage des bestiaux sont deux sources importantes de méthane.

surface est en asphalte, le frottement est beaucoup plus élevé que si la route est recouverte de glace. Le vaisseau spatial qui décrit une orbite elliptique autour de la Terre le fait grâce à la force de gravité que la planète exerce sur lui. Si la gravité disparaissait d'un coup, le vaisseau continuerait tout droit et se perdrait dans l'espace.

Les tubes fluorescents

Après avoir enlevé ses bottes, Julie se rend dans sa classe de première année et Antoine rejoint ses copains en cinquième. L'éclairage cru de leurs locaux contraste avec la lumière ouatée de l'extérieur… ce qui achève de les réveiller. Cette lumière blanche et intense vient des tubes fluorescents, une autre incarnation de l'éclairage électrique.

L'éclairage électrique est né avant l'ampoule à incandescence, alors que dès le début du 19e siècle on avait mis au point la lampe à arc. Dans une ampoule contenant de l'air sous faible pression, un arc électrique (comme un petit éclair) entre deux ÉLECTRODES de carbone génère une lumière très intense, de la même façon que le soudage à l'arc émet de la lumière. Quelques rues de Paris et de Londres ainsi que des phares furent équipés de lampes à arc. Certaines personnes crièrent au scandale : cette lumière est trop intense, elle va nous aveugler ! Les chevaux vont s'emballer !

Les lampes à arc comportaient des inconvénients importants : elles dégageaient beaucoup de chaleur et de fumée ; les électrodes s'usaient et il fallait des ajustements fréquents pour conserver la distance correcte entre les électrodes. Avec la mise au point d'ampoules à incandescence durables, on a enfin pu éclairer l'intérieur des bâtiments de façon commode grâce à l'électricité. Quant aux tubes FLUORESCENTS, plus efficaces que l'éclairage à incandescence, ils ne sont apparus que vers 1940.

Les tubes fluorescents de l'école ne sont pas des « néons ». Les tubes au néon contiennent un gaz, le néon, dont les atomes, excités par une DÉCHARGE ÉLECTRIQUE, émettent de la lumière *rouge*. On utilise donc les tubes au néon dans les enseignes extérieures ou dans les bars, mais pas encore dans les salles de classe.

Le tube fluorescent contient plutôt un autre gaz, l'argon, à une pression d'environ 400 PASCALS (250 fois moins que la pression atmosphérique moyenne, qui est de 101 kilopascals au niveau de la mer) ainsi que quelques milligrammes de mercure. À chaque bout du tube se trouve une électrode de tungstène, recouverte de matériaux qui constituent de bons émetteurs d'électrons. Quand on allume, le courant électrique chauffe les filaments de tungstène. L'électrode négative émet des électrons qui sont accélérés par la force électrique vers l'électrode positive, à l'autre bout du tube. (À cause du courant alternatif, le flot d'électrons s'inverse régulièrement, à tous les 1/120 de seconde en Amérique du Nord et à tous les 1/100 de seconde en Europe.)

Le courant électrique qui parcourt l'argon constitue ce qu'on appelle une décharge; comme les arcs des lampes à arc, c'est un éclair miniature. La chaleur dégagée vaporise le mercure, qui se retrouve à l'état gazeux sous une pression d'environ un pascal, 100 000 fois plus faible que la pression atmosphérique. Les atomes de mercure, excités par les collisions avec les électrons, libèrent l'énergie excédentaire en émettant un rayonnement.

Le rayonnement émis par la décharge est constitué d'environ 38 % d'infrarouges, de 60 % de rayons ultraviolets et de seulement 2 % de lumière visible, surtout du bleu. Pour obtenir plus de lumière, on fait interagir les rayons ultraviolets avec des substances fluorescentes déposées sur la paroi intérieure du tube. Ces substances absorbent les ultraviolets et réémettent de la lumière visible, avec une efficacité d'environ 40 %. Résultat: le rayonnement émis par le tube fluorescent contient maintenant plus de 20 % de lumière visible, le reste partant en infrarouges (c'est-à-dire en chaleur). Cela semble peu, mais il faut comparer le tout au rendement d'une ampoule à incandescence, qui n'émet dans le spectre visible que moins de 10 % de l'énergie produite, comme on l'a vu au chapitre 1.

Puisque le courant s'inverse 120 (ou 100) fois par seconde, la décharge s'interrompt et reprend au même rythme. Les substances fluorescentes continuent d'irradier un certain temps après l'arrêt temporaire de la décharge, ce qui limite les variations de l'émission lumineuse. Pour diminuer encore plus le papillotement des tubes fluorescents, on les monte généralement en duo: les courants arrivant à leur maximum dans les deux tubes alternativement, les variations d'intensité deviennent imperceptibles.

Est-il vrai qu'il est préférable de ne pas éteindre les tubes fluorescents? Non. La durée de vie d'un tube fluorescent est effectivement réduite par des allumages nombreux. L'usure des tubes est due à la lente disparition du matériau émetteur d'électrons qui recouvre les électrodes, et chaque allumage détruit un peu plus ce revêtement. Quand il n'en reste plus sur une électrode ou sur les deux (les extrémités du tube sont alors noircies par le matériau vaporisé), le tube ne peut plus s'allumer.

Lors de l'arrivée des tubes fluorescents, dans les années 1940, les revêtements des électrodes s'évaporaient plus vite qu'aujourd'hui et l'électricité coûtait moins cher. Les entreprises calculaient que le fait de laisser fonctionner les tubes 24 heures sur 24 (coût en énergie) revenait moins cher que de remplacer les tubes plus fréquemment (coût en matériaux et en main-d'œuvre). Ainsi est née la légende selon laquelle il vaut mieux ne pas éteindre les tubes. Il faut dire que les entreprises tenaient aussi compte du fait que, lorsqu'il fait moins de 20 °C, faire fonctionner les tubes durant la nuit ne constitue pas une perte nette car le rayonnement dégagé (sauf celui qui sort par les fenêtres) contribue au chauffage.

Les crayons à mine

Dans sa classe bien éclairée, Julie commence ce matin par un atelier d'écriture. Elle sort son cahier et ses crayons. Bien qu'on les appelle souvent « crayons de plomb », les crayons ne contiennent pas de plomb, qui est un métal toxique. Les mines de crayons sont fabriquées à partir de graphite, d'argile et d'un peu d'eau, chauffés et comprimés pour former de minces tiges. Le graphite a été découvert en Angleterre au 16e siècle. On l'a utilisé pour écrire car, frotté sur les objets, ce nouveau matériau laissait facilement des marques (« graphite » vient du grec *graphein*, « écrire »). On a cru, à l'époque, qu'il s'agissait de plomb et cette confusion s'est perpétuée dans l'appellation crayon de plomb.

Le graphite est constitué de carbone, comme le diamant, mais sa structure est complètement différente (figure 3.2). Chaque atome de carbone y est lié fortement à trois autres atomes de carbone situés dans le même plan. Entre les plans existent des liaisons plus faibles, ce qui permet à ces couches d'atomes de glisser assez facilement et de se détacher les unes des autres en laissant une marque sur le papier.

Figure 3.2
Structure du graphite

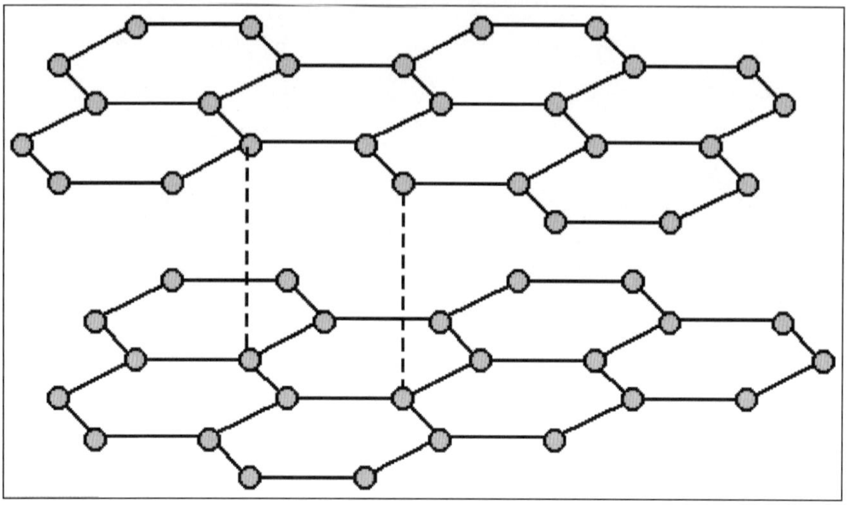

Chaque cercle représente un atome de carbone. Les atomes de carbone sont répartis dans des plans, sur les coins d'hexagones imaginaires; la distance entre deux atomes à l'intérieur d'un plan est de 0,142 nanomètres (milliardièmes de mètre). La distance (représentée par les lignes en pointillé) entre deux plans voisins est nettement plus grande, soit 0,340 nanomètres.

Comment insère-t-on la mine dans un crayon ? Autrefois, on fabriquait les crayons en creusant des trous au centre de tiges de bois puis en les comblant de graphite. Aujourd'hui, on utilise un procédé plus ingénieux. On creuse des sillons semi-cylindriques (figure 3.3) dans une latte de bois, souvent du cèdre, on installe les mines de graphite puis on applique et on colle sur la première une latte identique, mais inversée. On découpe ensuite ce « sandwich » en crayons de section généralement hexagonale ou circulaire. Observez attentivement le bout d'un crayon neuf, non taillé : vous en distinguerez les deux moitiés.

Figure 3.3
Fabrication des crayons à mine

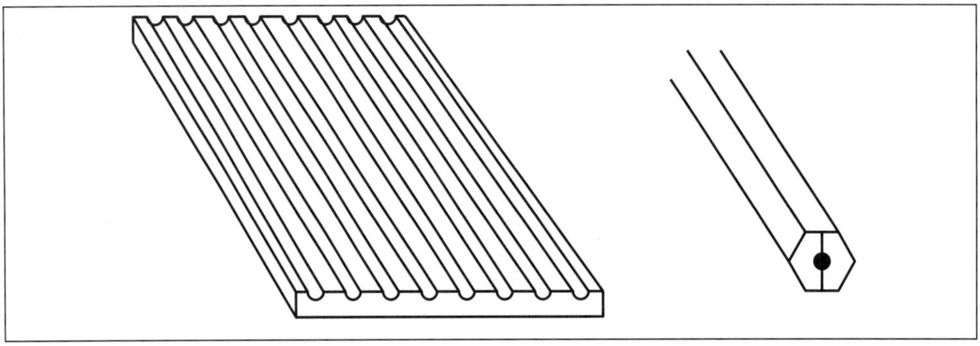

Les crayons sont cotés selon la dureté de la mine. Plus celle-ci contient de graphite, plus elle est tendre et plus la trace sur le papier sera foncée. Il existe plusieurs systèmes de cotation. Quand seul un chiffre est indiqué sur le crayon, la mine est d'autant plus dure que le chiffre est élevé : un crayon numéro 3 produit une ligne moins foncée qu'un crayon numéro 2. Dans un système de cotation utilisant des lettres, on va du HH (très dur) au BBB (très très noir) en passant par le HB, qui signifie *hard and black* (dur et noir).

Le papier

Avant de commencer ses travaux, Julie écrit la date dans son cahier. Le papier, assez rugueux, érode la mine de graphite, qui laisse des particules de quelques micromètres de diamètre entre les fibres du papier. Sur du papier glacé, et donc moins rugueux, le crayon de Julie laisserait une trace plus pâle.

Le papier est un assemblage de fibres de cellulose provenant aujourd'hui du bois. Long polymère du glucose, la cellulose compte pour environ 50 % du poids du bois et plus de 90 % de celui du coton ; c'est pourquoi le papier a d'abord été fait à partir de vieux chiffons. Une fibre de cellulose, large de quelques centièmes de millimètre, comporte de nombreuses molécules de cellulose unies latéralement par des liaisons faibles (liaisons hydrogène). Le bois contient aussi environ 30 % de lignine, laquelle forme des réseaux qui maintiennent ensemble les fibres de cellulose. La solidité du papier augmente avec la longueur des fibres ; celle-ci fait en moyenne trois millimètres pour l'épinette et un seul pour les feuillus.

Pour obtenir de la pâte à papier, il faut séparer les fibres de cellulose, ce qu'on peut faire mécaniquement au moyen de meules, chimiquement en dissolvant la lignine ou par une combinaison des deux procédés. La pâte mécanique, de même composition que le bois original, contient une bonne part de lignine. Celle-ci comporte beaucoup de groupements chimiques qui s'oxydent au contact de l'air et donnent alors une teinte jaune au papier. Le papier journal est fabriqué surtout à partir de pâte mécanique ; c'est pourquoi il jaunit facilement.

Le papier produit selon le procédé chimique est meilleur, car les fibres de cellulose sont moins endommagées que par la séparation mécanique. Les papiers fins contiennent presque uniquement de la pâte chimique, qui a été blanchie grâce à divers agents, comme le peroxyde d'hydrogène (H_2O_2) ou l'ozone. Sans blanchiment, la pâte a la couleur « brun écru » des boîtes de carton. On ajoute aussi à la pâte de nombreux additifs, en particulier de la glaise, de la craie ou du dioxyde de titane, qui augmentent l'opacité et la douceur du papier et empêchent l'encre de traverser le papier.

Lors de la fabrication du papier, la pâte, très diluée, passe à travers une large fente mince. Les fibres tendent alors à s'aligner dans le sens de l'écoulement, donnant un grain au papier.

Expérience : Une lecture déchirante

Essayez de déchirer du papier journal dans le sens vertical (de haut en bas de la page, pour un journal de grand format), puis dans le sens horizontal (de gauche à droite). Que remarquez-vous ? La différence dans la façon dont le papier se déchire vient de l'alignement des fibres, dû au processus de fabrication.

Après le passage dans la fente, les fibres forment un « matelas » qui, en progressant dans la machine, s'égoutte par gravité, aspiration et pressage. En comprimant le papier, le pressage rapproche les fibres, ce qui résulte en un papier plus solide et plus lisse.

Les fibres tiennent ensemble grâce à l'établissement de liaisons faibles entre les groupes hydroxyde (OH) de la cellulose. À cause de ces groupes polaires, le papier attire facilement les molécules d'eau, elles aussi polaires. Si le papier est mouillé, les molécules d'eau se glissent entre les fibres et les séparent, réduisant la cohésion du papier. En mâchant de petits bouts de papier, on peut en faire des boulettes qu'on insère dans une sarbacane (un stylo évidé) afin de bombarder les copains dans la classe. Heureusement, Julie est encore trop jeune et trop sage pour ces gamineries.

Stylo à bille, encre et correcteur liquide

Pendant que Julie s'exerce à la calligraphie, son frère, lui, fait des mathématiques. Antoine préfère écrire à l'encre parce que le stylo à bille frotte moins sur le papier, ce qui nécessite moins d'effort pour écrire qu'avec un crayon à mine. Dans un stylo à bille, l'encre s'écoule par gravité du tube-réservoir sur l'hémisphère supérieur de la bille. En déplaçant le stylo, la bille tourne dans son alvéole et l'encre est transférée sur le papier. Les premiers stylos à bille ont été fabriqués en 1943 et ils ont d'abord été utilisés par les militaires vers la fin de la Seconde Guerre mondiale.

L'encre d'un stylo à bille contient des pigments et des résines en solution dans un solvant. Les pigments, qui donnent à l'encre sa couleur, constituent environ 25 % du poids de l'encre, le solvant comptant pour 50 % et les résines, pour 25 %. Les solvants facilitent l'écoulement de l'encre sur la bille du stylo ; on utilise par exemple l'éthylène glycol (l'antigel pour automobile). Une fois l'encre appliquée, le solvant s'évapore. Les résines, des polymères synthétiques ou naturels, confèrent à l'encre la viscosité désirée et emprisonnent les pigments lors du séchage, en se liant ensemble et en formant des molécules plus longues et enchevêtrées.

À quoi sert le petit trou qu'on retrouve sur le côté ou à l'extrémité supérieure de la plupart des stylos jetables ? Il facilite l'écoulement de l'encre. Dans un stylo étanche, la diminution du niveau d'encre ferait baisser la pression d'air dans le tube, parce que la même quantité d'air occuperait un plus grand volume. Le petit trou laisse l'air pénétrer à l'intérieur, égalisant ainsi les pressions interne et externe, ce qui permet à l'encre de s'écouler normalement.

Si Antoine se trompe dans ses calculs, il ne peut pas corriger ce qu'il a écrit aussi facilement que Julie peut le faire avec une gomme à effacer. L'encre, grâce aux résines, se lie davantage au papier que les particules de graphite. Antoine utilise un correcteur liquide, qu'il applique à l'aide du petit pinceau fixé au bouchon de la bouteille.

Le correcteur liquide ressemble à de la peinture. Il contient une poudre opacifiante de dioxyde de titane, un solvant et des résines, généralement de type acrylique. Le film correcteur sèche plus rapidement que la peinture parce que le solvant utilisé est plus volatile. Durant le séchage, les petites molécules de résine se lient ensemble; comme pour l'encre, cette polymérisation rend le film solide.

Pendant que Julie et Antoine s'escriment à leurs apprentissages respectifs, Sophie, se prépare dans son école à convaincre ses propres élèves de s'intéresser à quelques notions d'optique. Elle ramasse ses notes et se rend au local pour son premier cours.

Craie et tableau

Comme d'habitude, ses élèves l'« accueillent » en continuant à bavarder. Après un mot d'introduction durant lequel le silence s'installe progressivement, Sophie se met au tableau, s'empare d'un bâtonnet de craie et commence à écrire en parlant. La surface du tableau érode la craie, dont de fines particules se fixent au tableau, retenues dans les creux de la surface et accessoirement par attraction électrique (le frottement de la craie engendre une séparation de charges électriques; le tableau et les particules de craie acquièrent des charges opposées et s'attirent). Les particules de craie sont composées de carbonate de calcium ($CaCO_3$) provenant de dépôts sédimentaires constitués il y a des millions d'années, à partir de squelettes et de coquilles d'organismes marins morts et enfouis au fond des océans. Les célèbres falaises blanches de Douvres, en Grande-Bretagne, sont formées de craie.

Un bâtonnet de craie contient aussi un peu d'agent liant, généralement de l'argile. Lors de la fabrication, le mélange craie-liant est extrudé, passé sous pression dans un tube, comme le mélange servant à la fabrication des mines de crayon.

La plupart des tableaux sont recouverts de couches d'une peinture spéciale, apposées et cuites sur un fond d'acier. La peinture contient un abrasif qui rend la surface du tableau légèrement rugueuse. Si la surface était trop lisse, les particules de craie tiendraient mal et le tableau serait trop réfléchissant, ce qui rendrait la lecture malaisée.

Quand Sophie écrit, il arrive que la craie crisse. Ce bruit qui réveille les élèves endormis se produit quand le bâtonnet ne glisse pas de façon régulière sur le tableau. À l'échelle microscopique, la craie glisse, puis s'arrête très brièvement, repart, s'arrête, etc., à cause de l'interaction entre la surface de la craie et celle du tableau. Ce mouvement par intermittence engendre des vibrations et produit le crissement. C'est le même genre de phénomène qui produit le bruit que fait un essuie-glace sur un pare-brise sec, le crissement des pneus d'une auto qui prend un virage trop rapidement ou le grincement des gonds mal huilés.

La pression de l'air en haut des gratte-ciel

Pendant que se déroulent ces aventures scolaires, Pierre a laissé Rachel à la garderie puis s'est rendu au centre-ville, au bureau d'ingénieurs où il est employé. Parvenu au quinzième étage, il respire un air dont la pression est plus faible qu'au niveau du sol. Mais la baisse n'est pas perceptible : si Pierre vit à peu près au niveau de la mer, la pression est passée de 101 kilopascals (la pression atmosphérique « normale ») à 100,2 kilopascals. Il n'y a pas encore de quoi chercher son souffle. Par contre, au sommet du mont Washington, au New Hampshire, à 1918 mètres d'altitude, la pression ne serait que de 80 kilopascals. Au sommet de l'Everest (8 848 mètres), elle n'atteindrait plus que 33 kilopascals ; là, Pierre aurait besoin d'une aide respiratoire.

Pourquoi la pression de l'air diminue-t-elle en altitude ? C'est une question de gravité. Pour comprendre, revenons au niveau moléculaire. La pression résulte des forces microscopiques exercées par les molécules du gaz. Dans un gaz comme l'air, les molécules ne sont pas retenues comme dans un solide. Aux températures normales, les molécules d'azote (79 % de l'air) et d'oxygène (20 %) se déplacent à une vitesse *moyenne* de 500 m/s ou 1 800 km/h, la vitesse du Concorde. Certaines molécules vont plus vite que cela, d'autres moins.

Imaginons une boîte contenant de l'air (figure 3.4). Les molécules frappent la paroi intérieure en lui communiquant une petite poussée. L'ensemble des poussées exerce une force sur la paroi ; la force, divisée par la surface de la paroi, donne la pression :

$$\text{pression} = \frac{\text{force}}{\text{surface}}$$

Figure 3.4
Une boîte dans l'air

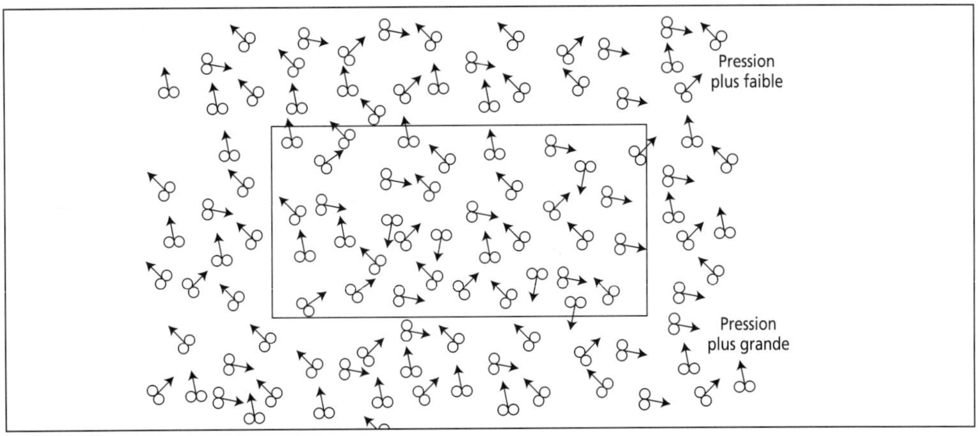

Toutes les molécules sont en mouvement. La pression sur une paroi résulte du choc des molécules sur la paroi. Les molécules d'azote et d'oxygène comportent chacunes deux atomes.

La pression intérieure est équilibrée par la pression extérieure qu'exercent les molécules qui se trouvent en dehors de la boîte. Si les pressions n'étaient pas équilibrées, la paroi ou la boîte pourraient se déformer.

Expérience : Déséquilibre de pression

Mettez un peu d'eau dans une canette d'aluminium et faites chauffer la canette sur un réchaud ou un rond de cuisinière ; laissez l'eau bouillir quelques instants de façon à ce que l'intérieur de la canette se remplisse de vapeur. Prenez la canette avec des pinces ou une mitaine et renversez-la vite dans un récipient contenant environ un centimètre d'eau. Que se passe-t-il ?

La canette est écrasée. Quand la canette remplie de vapeur est renversée dans l'eau froide, ses parois se refroidissent rapidement car l'aluminium est un bon conducteur de chaleur. La vapeur se condense sur les parois intérieures, ce qui diminue la pression interne (l'air ne peut pas entrer parce que l'orifice de la canette est dans l'eau). La canette est écrasée parce que la pression externe est devenue beaucoup plus grande que la pression interne.

Les molécules d'air qui vont vers le bas au moment de frapper la surface inférieure de la boîte vont plus vite que celles qui montent et frappent la surface supérieure. Pourquoi ? C'est ici que la gravité intervient. Les molécules qui montent sont ralenties par la gravité, comme une balle qu'on lance vers le haut. Comme les molécules qui frappent la surface supérieure vont moins vite, la pression y est plus faible : la pression décroît avec l'altitude.

Clignements d'yeux

Avant sa réunion, Pierre a le temps de travailler un peu. Le voilà vite plongé dans le rapport d'une trentaine de pages qu'il doit corriger. Pierre ne s'en rend pas compte mais en se concentrant ainsi, il cligne moins des yeux. C'est le cas de toute personne effectuant des tâches qui demandent de l'attention. Par exemple, un automobiliste cligne moins des yeux en conduite urbaine que sur une route de campagne peu fréquentée. Le rythme de clignement est donc lié à l'activité mentale. On peut arrêter de cligner (c'est un jeu classique), ce qui montre que le clignement est en partie volontaire.

Pierre cligne des yeux entre six et dix fois par minute en moyenne, le rythme variant selon son activité, son niveau d'anxiété, etc. Un clignement d'œil dure environ 0,25 seconde. La paupière supérieure descend d'environ 1 centimètre en 0,1 seconde puis remonte un peu plus lentement. La paupière inférieure bouge surtout *horizontalement*, se déplaçant d'environ deux millimètres en direction du nez. En même temps, l'œil de Pierre s'enfonce dans l'orbite d'environ un millimètre durant le clignement. La plupart du temps, l'œil ne se ferme pas complètement.

Lors du clignement, la paupière balaie la cornée, un peu comme un essuie-glace, déplaçant les débris et étendant une couche de larmes sur la cornée. Le film de larmes est un mélange complexe qui comporte trois couches différentes. On retrouve en surface une couche lipidique (huileuse), qui réduit l'évaporation, puis une couche aqueuse et enfin une couche de mucus, en contact avec la cornée. De loin la plus épaisse, la couche aqueuse fait un gros 7 micromètres de liquide (contre 0,1 micromètre pour la couche lipidique).

Les glandes lacrymales d'un œil ne sécrètent guère plus d'un centimètre cube de liquide par jour, à moins d'un grand chagrin ou d'une activité culinaire impliquant des oignons. Ce liquide contient du glucose, plusieurs ions, de la vitamine A et diverses protéines. Certaines protéines, comme les lysozymes, protègent les yeux des infections en détruisant les MEMBRANES CELLULAIRES des bactéries.

Les clignements poussent une partie du film de larmes vers le coin intérieur (coin « nasal ») de l'œil, où le liquide s'écoule dans de petits canaux puis dans le sac lacrymal situé sur le côté du nez. Ce sac se décharge dans le nez par le biais du canal lacrymo-nasal. C'est pourquoi, quand les larmes sont abondantes, le nez coule.

L'agrafeuse

Après une heure de lecture et d'annotations, Pierre, satisfait, rassemble toutes les feuilles du rapport pour les agrafer. Il pourrait essayer de prendre une agrafe métallique entre ses doigts et de la pousser à travers le papier, puis de replier les extrémités de l'agrafe, mais ce serait long, douloureux et peu commode.

L'agrafeuse ne décuple pas la force de Pierre et n'agit donc pas comme levier, car l'agrafe se trouve à la même distance du pivot que sa main. Mais elle offre l'avantage de guider l'agrafe à travers le papier tout en empêchant les côtés de plier. Comme on n'a pas à se préoccuper de maintenir la direction de l'agrafe, on peut pousser plus fort. Après avoir traversé le papier, les extrémités de l'agrafe sont forcées de suivre les rainures courbes de l'enclume, ce qui les replie. L'agrafeuse comporte un ressort à spirale qui presse la rangée d'agrafes vers l'extrémité.

Pourquoi les agrafes viennent-elles en rangée ? Si Pierre devait introduire les agrafes une à une dans l'agrafeuse, le procédé perdrait pas mal d'intérêt. Les agrafes sont donc légèrement collées ensemble en rangée.

Expérience : Scission chez les agrafes

Chauffez le bout d'une rangée d'agrafes à la flamme d'une allumette ou d'une bougie. Après quelques secondes, la colle qui les relie brûle et les agrafes se détachent !

Détecteur de fumée et radioactivité

Pendant que Pierre, Sophie, Antoine et Julie travaillent et que Rachel développe sa motricité et ses habiletés relationnelles (bref, s'amuse) à la garderie, la maison qu'ils ont quittée il y a quelques heures est en hibernation, abandonnée. Enfin, pas tout à fait ; quelques gardiens veillent sur elle.

Le premier est fixé au plafond, à l'étage : c'est le détecteur de fumée. Cet appareil voué à la sécurité contient du matériel radioactif. Risque-t-il de contaminer toute la maison ? Non, car la quantité de matière radioactive est extrêmement petite. De plus, la paroi du détecteur réduit presque à néant l'exposition au rayonnement émis. En fait, on reçoit plus de radiations dans un avion lors d'un vol transatlantique en altitude que si l'on se tenait tout près d'un détecteur de fumée huit heures par jour durant toute une année[1].

L'élément radioactif le plus connu est l'uranium mais il y en a de nombreux autres, comme le radium, le radon, et l'américium qui équipe les détecteurs de fumée. Dans les atomes radioactifs, la partie centrale, le noyau, est instable et se désintègre au bout d'un temps plus ou moins long en émettant un rayonnement (particule et énergie).

L'américium radioactif présent dans un détecteur de fumée sert à ioniser l'air. Le détecteur comporte une chambre d'ionisation constituée de deux plaques métalliques parallèles distantes d'environ un centimètre. À l'intérieur d'une des plaques est fixée une source radioactive d'américium 241. Les particules alpha (voir l'encadré) qui en surgissent frappent les molécules de l'air et leur font perdre un électron. Les molécules d'air acquièrent ainsi une charge électrique non nulle et deviennent des ions. Entre les plaques, dans le « champ électrique » dû à la TENSION ÉLECTRIQUE maintenue par la pile, les ions subissent une force électrique et se déplacent, comme les électrons dans un fil.

1. On reçoit davantage de rayons cosmiques en altitude qu'au niveau du sol. Ces rayons constitués d'électrons, de protons et de noyaux atomiques viennent de l'espace, peut-être (on n'en est pas encore sûr) de lointaines supernovæ. Les rayons cosmiques sont de même nature physique que les rayonnements radioactifs. Ils sont assez énergétiques pour qu'une partie pénètre le fuselage d'un avion. Ils sont progressivement absorbés par l'atmosphère et l'on en reçoit beaucoup moins au sol qu'en altitude.

Un très faible courant d'ions, de l'ordre du picoampère, c'est-à-dire un millionième de millionième (10^{-12}) d'AMPÈRE, passe ainsi entre les plaques. Quand des particules de fumée pénètrent dans la chambre d'ionisation, les ions se lient à la surface des particules et sont neutralisés. Comme le nombre d'ions se déplaçant entre les plaques diminue, le courant décroît. La variation est détectée par le système électronique, qui active l'alarme.

Noyaux et radioactivité

Un noyau d'uranium 238 contient 92 protons chargés positivement et 146 neutrons non chargés, ce qui fait 238 nucléons (particules nucléaires). Les protons, comme toutes les particules de même charge, tendent à se repousser. Cependant, il existe des forces d'attraction entre nucléons qui compensent la répulsion. Pour la plupart des éléments chimiques, les forces d'attraction l'emportent nettement sur les forces de répulsion et les noyaux sont stables.

Dans d'autres types de noyaux, les forces d'attraction compensent la répulsion mais pas de façon constante : les noyaux sont instables. Il arrive ainsi qu'un noyau d'uranium 238 se désintègre en émettant une « particule alpha », qui comporte deux protons et deux neutrons, et de l'énergie (surtout liée à la vitesse de la particule alpha). Le noyau restant devient alors du thorium 234 (90 protons, 144 neutrons). Le noyau de thorium 234 peut lui-même se désintégrer : un de ses neutrons émet un électron et se transforme en proton. Le noyau restant est du protactinium 234 (91 protons, 143 neutrons), et ainsi de suite. Douze désintégrations plus tard et après un temps moyen dépassant les 100 000 ans, le noyau d'uranium désintégré sera devenu un noyau de plomb... stable !

Le bouton de test permet de vérifier le bon état du circuit électronique mais pas l'efficacité du détecteur. Si de la poussière entrave l'accès de la fumée à la chambre de détection, le détecteur fonctionnera mal. Il faut nettoyer le détecteur régulièrement, comme le précise le manuel d'instruction. Celui-ci recommande aussi d'installer une pile alcaline... mais généralement sans dire pourquoi, ce qui n'est pas la meilleure façon de convaincre. En fait, on peut très bien faire fonctionner un détecteur de fumée avec une pile de 9 volts ordinaire. On recommande les piles alcalines simplement parce qu'il faut les changer moins souvent, ce qui diminue les risques d'un oubli potentiellement funeste.

La radioactivité a ses bons côtés

Outre l'utilisation d'américium dans les détecteurs de fumée et bien que l'exposition à des rayonnements puisse être nocive, l'existence de la radioactivité présente plusieurs aspects positifs. Quand le système solaire s'est formé, il y a 4,6 milliards d'années, divers éléments radioactifs engendrés dans des supernovæ (grosses étoiles ayant explosé à la fin de leur vie) ont été incorporés aux planètes. Chaque désintégration depuis ce temps dégage de l'énergie, ce qui a contribué à garder chaud l'intérieur de la Terre. Les mouvements de convection du magma interne, qui sont à la source de la tectonique des plaques, seraient inexistants sans la radioactivité.

Autre élément positif: la radioactivité nous fournit de l'hélium, un gaz utilisé pour gonfler les ballons de fête, bien sûr, mais aussi comme réfrigérant dans les laboratoires scientifiques et dans les hôpitaux. On s'en sert, par exemple, pour refroidir les aimants supraconducteurs des appareils de résonance magnétique nucléaire. En effet, la radioactivité génère des particules alpha, qui sont des noyaux d'hélium. Élément le plus abondant de l'Univers, après l'hydrogène, l'hélium constitue 24 % de la masse de l'Univers. Mais sur Terre, c'est une autre histoire: l'hélium compte pour moins de 0,0001 % de l'atmosphère. Ses molécules légères vont si vite qu'elles s'échappent dans l'espace malgré la gravité terrestre.

À aussi faible concentration, il est difficile d'isoler l'hélium. Heureusement, il y a aussi de l'hélium sous terre: provenant de désintégrations, les particules alpha, chargées positivement, s'unissent à deux électrons chargés négativement et forment des atomes d'hélium, qui diffusent lentement dans la roche. Une partie se retrouve dans des dépôts de gaz naturel; certains gisements en contiennent jusqu'à 2 %. On extrait l'hélium du gaz naturel en refroidissant et en liquéfiant les divers composants du gaz, jusqu'à ce qu'il ne reste que l'hélium sous forme gazeuse (l'hélium se liquéfie à –269 °C).

Le thermostat

Dans la maison de Pierre et Sophie, un autre veilleur demeure en fonction toute la journée, même quand les patrons ne sont pas là. Le thermostat maintient la température au niveau qu'on lui a demandé. Tous les thermostats comportent un élément sensible, qui réagit à la température, et un dispositif de commande qui met le système de chauffage en marche si la température devient trop basse.

La détection de la température repose sur le fait que diverses propriétés physiques changent selon la température. Par exemple, les solides et les liquides chauffés se dilatent, comme l'alcool dans un thermomètre. C'est le principe de la lame bimétallique, ou bilame, déjà rencontrée dans le grille-pain. Le bilame comporte deux lames faites de métaux différents, inégalement dilatables, soudées ensemble. Quand la température augmente, l'une des lames s'allonge moins que l'autre et le bilame s'incurve de ce côté. S'il s'incurve suffisamment, le bilame fait contact ou actionne un interrupteur, coupant ou établissant le courant dans une plinthe électrique ou dans une fournaise. En tournant un bouton gradué, on fait varier la distance entre le bilame et l'interrupteur, pour ainsi ajuster la température de mise en marche.

Dans les thermostats électroniques, la résistance électrique varie selon la température. Un circuit électrique détecte le moment où la résistance atteint une valeur déterminée et produit un signal qui démarre ou arrête le système de chauffage.

Détecteur de fumée et thermostat assurent que la maison sera encore là, et accueillante, quand Pierre, Sophie et leurs sympathiques marmots rentreront à la fin de l'après-midi. Pour le moment, nos héros n'en sont qu'à la pause du midi.

CHAPITRE 4

Midi

À l'école, midi marque la fin des classes pour la matinée et se traduit par un grand brouhaha. Les enfants envahissent soit le corridor pour s'habiller et retourner manger à la maison, soit les salles à manger pour prendre le repas à l'école. C'est ce que font Antoine et Julie, chacun avec leurs amis respectifs.

Le lavage des mains

Avant d'aller manger, Julie est passée aux toilettes se laver les mains. Celles-ci hébergent en effet de la sueur, des graisses, du graphite, de la cire d'oreille, des sécrétions nasales et des dizaines de millions de bactéries et de virus. Ces microbes se cachent dans les globules de graisse, dans les crevasses de la peau, dans les canaux des glandes sudoripares (qui leur fournissent de l'humidité) et sous les ongles. La plupart de ces microbes ne sont heureusement pas nocifs. C'est le cas, par exemple, de la bactérie *Staphylococcus epidermidis*, dont le nom vient du grec *staphulê*, « grappe de raisin », car les staphylocoques vivent en grappes. Même les microbes nocifs n'entreront en action que si Julie porte une main à sa bouche ou à son nez, où ils pourront tenter d'attaquer ses délicates muqueuses.

En se lavant les mains, Julie peut se débarrasser d'une bonne partie de ces microorganismes. Le savon déloge les graisses et dissout les composés que sécrètent les bactéries pour s'accrocher à la peau. Julie doit faire attention de bien frotter ses ongles, ses pouces et le dos de ses mains, endroits que la plupart des gens nettoient mal. Avec un savonnage soigné d'une quinzaine de secondes, elle peut ainsi arriver à éliminer jusqu'à 95 % des microbes, ce qui en laissera quand même encore plusieurs millions sur ses mains. Malheureusement, au bout de quelques heures, les microbes auront recolonisé tout le terrain. D'ailleurs, Julie en aura déjà capturé de nouveaux, en ouvrant la porte de la salle de toilettes, en tirant la chaise sur laquelle elle va s'asseoir pour manger… Malgré cela, bien se laver les mains demeure une mesure d'hygiène très efficace car c'est généralement par le nombre que les bactéries nocives triomphent de notre système immunitaire.

La flasque réfrigérante

Les lunchs de Julie et d'Antoine ont été gardés froids durant l'avant-midi par des flasques réfrigérantes. Ces contenants de plastique renferment environ 90 % d'eau ainsi que des additifs qui régularisent la solidification de l'eau. Mis au congélateur, avant d'être transférés dans les boîtes à lunch, ils tirent profit de la chaleur spécifique élevée de l'eau (chapitre 2) due aux liaisons présentes entre les molécules d'eau. Ces liaisons sont aussi présentes dans la glace et il faut donc beaucoup d'énergie pour faire fondre le mélange congelé et en augmenter la température. C'est ainsi que la flasque réfrigérante reste froide longtemps.

Les œufs et leur cuisson

Dans leurs lunchs, Antoine et Julie retrouvent quelques légumes crus, un demi-sandwich au jambon et un œuf dur, qu'a cuit et écalé Pierre hier soir. Cet œuf est venu d'une poule, c'est sûr, mais comment ?

L'œuf se forme dans l'oviducte, l'organe qui correspond, chez la poule, aux trompes de Fallope de la femme. Chaque jour, un jaune à peu près sphérique quitte l'ovaire puis, en quelques heures, reçoit des couches de protéines, qui formeront le blanc, et des membranes coquillières. L'œuf progresse dans l'oviducte par péristaltisme, comme les aliments dans notre œsophage ou les selles dans notre intestin. Les muscles annulaires de l'oviducte se détendent devant l'œuf et se contractent derrière. Ces forces allongent l'œuf, en laissant le devant presque sphérique et en déformant l'arrière, qui prend une forme conique.

Dans l'utérus de la poule, de l'eau et des sels pénètrent les membranes coquillières, qui se gonflent. Le blanc de l'œuf, ou albumen (du latin *albus*, blanc), compte alors pour près des deux tiers de la masse de l'œuf et contient 11 % de protéines et 88 % d'eau. Le jaune, plus riche, combine 16 % de protéines, 34 % de lipides et 50 % d'eau.

La coquille se constitue en une quinzaine d'heures, après quoi la forme de l'œuf se fige. La coquille est composée à 95 % de cristaux de carbonate de calcium ($CaCO_3$, comme la craie), retenus dans une matrice de protéines. Elle comporte près de 10 000 pores, d'un diamètre d'environ 10 micromètres, qui permettent la respiration de l'embryon si l'œuf est fécondé.

Expérience : Le mystère de la coquille disparue

Dans un petit pot de verre, mettez un œuf cru puis versez quelques centimètres de vinaigre, assez pour recouvrir l'œuf. Laissez reposer 24 heures. Qu'observez-vous ?

Remarquez les petites bulles qui se forment à la surface de l'œuf : ce sont des bulles de gaz carbonique (CO_2). Le vinaigre, une solution d'acide acétique (CH_3COOH), attaque et dissout le carbonate de calcium de la coquille selon la réaction
$CaCO_3 + 2CH_3COOH \rightarrow Ca^{+2} + 2CH_3COO^- + CO_2 + H_2O$.

La réaction du carbonate de calcium avec un acide (généralement l'acide chlorhydrique, HCl) est d'ailleurs utilisée en géologie pour identifier les roches formées de carbonate de calcium, comme le calcaire, le marbre et la craie. Plusieurs produits ménagers servant à enlever le tartre et le calcaire, comme le *CLR*, sont aussi constitués d'acides qui réagissent avec le $CaCO_3$. Certains antiacides agissant contre les maux d'estomac comportent comme principal ingrédient du $CaCO_3$ et réduisent la concentration d'acide chlorhydrique dans l'estomac, par la réaction
$CaCO_3 + 2HCl \rightarrow Ca^{+2} + 2Cl^- + CO_2 + H_2O$.

L'œuf dépouillé de sa coquille conserve sa cohésion grâce aux membranes qui l'entourent. Comme elles sont translucides, vous pouvez observer un peu l'intérieur de l'œuf en sortant celui-ci du vinaigre et en le frottant délicatement avec un doigt, sous l'eau du robinet, afin d'enlever la couche blanche résiduelle. Remarquez dans l'œuf dénudé que le jaune se trouve en haut de l'œuf : c'est parce qu'il est moins dense que le blanc. Ceci explique que dans un œuf cuit dur, le jaune est souvent décentré. Pour éviter cela, il faudrait tourner l'œuf souvent en cours de cuisson.

Les pores permettent aussi le passage des microbes, hélas ! Hélas pour les microbes, pourrait-on dire, car l'œuf se défend farouchement. Les membranes coquillières contiennent des lysozymes, protéines que l'on rencontre aussi dans les larmes (chapitre 3) et qui s'attaquent à certaines molécules des membranes cellulaires des bactéries. Ensuite, l'albumen est très visqueux, ce qui entrave le déplacement des bactéries vers le jaune, beaucoup plus intéressant comme source de nourriture avec tous ses lipides et protéines. Et dans l'albumen, la conalbumine, une autre protéine, s'accapare le fer en solution, nuisant aux nombreux microbes qui en ont besoin pour leur métabolisme.

Pourquoi les œufs cuits d'Antoine et de Julie sont-ils durs ? C'est à cause de leurs protéines. Les protéines de l'albumen consistent en de longues chaînes d'ACIDES AMINÉS, repliées sur elles-mêmes en une forme compacte plus ou moins globulaire. Cette configuration est maintenue par diverses liaisons entre différentes parties de la protéine, comme des LIAISONS IONIQUES (entre deux sites de charges électriques opposées) ou des liaisons hydrogène.

Quand les œufs sont chauffés, les protéines acquièrent de l'énergie et les liaisons intramoléculaires les plus faibles sont brisées. Alors, les protéines se « déroulent ». Ainsi déployées, elles sont plus susceptibles d'entrer en contact et de se lier avec leurs consœurs. De solitaires qu'elles étaient, elles deviennent grégaires et s'interconnectent pour former un réseau tridimensionnel. L'œuf coagule et devient ferme tout en demeurant élastique. Les molécules d'eau présentes dans l'œuf restent imbriquées dans les interstices du réseau, liées aux protéines par des liaisons hydrogène. Eh oui, encore un gel !

La consistance du réseau protéique dépend du degré de liaison entre les protéines. Une cuisson prolongée des œufs évapore l'eau, augmente le nombre de liens et engendre une texture caoutchouteuse. Il faut éviter de cuire trop longtemps les œufs durs ou les œufs au plat.

Bien réussir des œufs durs présente quelques autres écueils qu'a su éviter Pierre. L'œuf renferme, à son gros bout, une petite poche d'air ; c'est pourquoi un œuf cuit présente une extrémité un peu aplatie. Quand on chauffe l'œuf dans un bain d'eau, cet air se dilate. En conséquence, la pression interne augmente, parfois au point de faire craquer la coquille ; tout dépend de la dimension de la poche d'air et du diamètre des pores de la coquille, par lesquels l'air sous pression peut sortir lentement. Pour éviter le craquement, Pierre a mis les œufs, au début de la cuisson, dans l'eau froide plutôt que dans l'eau chaude. Ceci a permis une élévation graduelle de la température et laissé le temps à l'air, sous l'effet de l'augmentation progressive de la pression, de sortir de la coquille par les pores, réduisant les dangers de craquement.

Il arrive tout de même qu'un œuf se fende, répandant dans l'eau des filaments blanchâtres. Pour éviter ce désastre, Pierre a mis du sel dans l'eau de cuisson. Le sel a sur les protéines un peu le même effet que la chaleur. Une fois le sel dissous, ses ions chargés modifient l'environnement électrique des protéines et contribuent au bris accéléré des liaisons ioniques ou hydrogène. Résultat : les protéines coagulent plus rapidement, dans la fissure même de l'œuf.

Le dernier péril, dans la cuisson des œufs durs, est cette couleur gris-vert que prend occasionnellement la surface du jaune. L'ovalbumine, autre protéine de l'albumen, libère du soufre quand l'œuf est chauffé. Le soufre (S) se combine avec des ions hydrogène pour former du sulfure d'hydrogène, H_2S, un gaz qui diffuse dans toutes les directions. Une partie du gaz atteint le jaune, qui contient une quantité appréciable de fer, et réagit avec ce dernier pour former du sulfure de fer (FeS), un composé de couleur verte.

Pour minimiser la formation de FeS, Pierre n'a cuit les œufs que le temps nécessaire à la coagulation du jaune (maximum 10 minutes dans l'eau bouillante), puis a plongé les œufs immédiatement dans l'eau froide. Le refroidissement fait diminuer la pression du H_2S dans la région extérieure de l'œuf. Comme un gaz tend à se diriger vers la région où la pression est la plus faible, le H_2S diffuse moins vers le jaune.

Expérience : Et pourtant ils tournent !

Comment différencier les œufs durs des œufs crus quand on les conserve au frigo ? Bien sûr, on peut casser la coquille, mais si on se trompe, l'œuf doit être consommé illico. Ce qu'il faut, c'est tenter de faire tourner les œufs sur eux-mêmes. Mettez un œuf de chaque type sur le comptoir et donnez-leur une impulsion pour les mettre en rotation.

Les deux œufs ne se comporteront pas de la même façon. L'œuf dur tournera immédiatement et assez longtemps. L'œuf cru sera plus difficile à mettre en rotation, car son intérieur est liquide. D'abord immobile, la couche de liquide en contact avec la coquille se met à tourner, entraînée par le frottement, puis entraîne la couche suivante, et ainsi de suite. En réaction, le liquide intérieur ralentit la rotation de la coquille et l'œuf tourne moins longtemps.

Si on arrête brièvement la coquille durant la rotation, l'œuf dur s'arrêtera définitivement, mais l'œuf cru recommencera à tourner parce que le fluide interne, qui aura continué à tourner, entraînera de nouveau la coquille en rotation.

Le four à micro-ondes

À son école, Sophie retrouve des collègues et commence aussi à manger. Son lunch a été préparé plus vite que celui des enfants : c'est le restant du spaghetti d'hier soir. Elle sort le plat de plastique du frigo et le fait chauffer au four à micro-ondes.

Dans le four, des courants alternatifs circulant dans un dispositif appelé « magnétron » génèrent les micro-ondes. Celles-ci ont la même nature physique que la lumière visible, les rayons infrarouges et les ultraviolets : ce sont des ONDES ÉLECTROMAGNÉTIQUES constituées de « champs électrique et magnétique » oscillants. Ce qui distingue les micro-ondes, c'est leur énergie et leur LONGUEUR D'ONDE, c'est-à-dire la distance entre deux maximums de l'onde (comme la distance entre deux crêtes de vagues). Par exemple, les ultraviolets sont plus énergétiques que la lumière visible, elle-même plus énergétique que les infrarouges, qui le sont plus que les micro-ondes. La longueur d'onde va de 0,0004 à 0,0007 millimètres pour la lumière visible, de 0,0007 à 1 millimètre pour les infrarouges et de 1 millimètre à 30 centimètres pour les micro-ondes.

Du magnétron, les ondes passent dans le four proprement dit, directement ou au moyen d'un guide d'ondes, un tube de métal rectangulaire. Le magnétron ou le guide d'ondes sont protégés des éclaboussures par une plaque de plastique (du métal bloquerait les ondes, comme on le verra plus loin). Les zones grillagées que l'on aperçoit à l'intérieur d'un four servent à la ventilation, en particulier à évacuer la vapeur d'eau.

La cuisson au micro-ondes est une retombée de la technologie militaire. Les radars, développés avant et pendant la Seconde Guerre mondiale, comportent un magnétron qui émet des micro-ondes; une antenne capte les échos pour localiser avions ou bateaux. Il semble que certains des techniciens de la compagnie américaine Raytheon, qui œuvrait à l'amélioration des radars, aient utilisé les magnétrons pour… chauffer leurs lunchs. L'un deux, pour s'amuser, aurait même apporté des grains de maïs à éclater pour voir si ça fonctionnerait. Quelques années plus tard, les premiers fours à micro-ondes apparaissaient sur le marché. Ils coûtaient 3000 dollars et pesaient 350 kilos. Il a fallu attendre la mise au point par les Japonais de magnétrons plus efficaces et plus petits pour voir apparaître, vers 1965, des micro-ondes compacts et abordables.

Dans les fours à micro-ondes domestiques, les ondes oscillent à 2,45 gigahertz (GHz), ou 2,45 milliards de HERTZ. À cette FRÉQUENCE, les micro-ondes sont faiblement absorbées par l'eau. C'est ce qu'il faut: si on avait choisi une fréquence donnant lieu à une absorption maximale, l'eau située en surface des aliments absorberait entièrement les micro-ondes, ce qui empêcherait l'intérieur de cuire. Avec une fréquence inférieure à 2,45 GHz, les ondes pénétreraient davantage, mais seraient moins absorbées et la cuisson serait plus lente. La fréquence de 2,45 GHz est donc un compromis. De plus, elle évite les interférences avec les systèmes de communication, tel le téléphone cellulaire, qui utilise aussi les micro-ondes mais dans d'autres gammes de fréquences.

Les micro-ondes agissent sur les aliments qui contiennent des molécules polaires, comme l'eau. Ces molécules, dans lesquelles la répartition des charges électriques n'est pas uniforme, tendent à s'aligner dans un champ électrique. Puisque le champ des micro-ondes oscille, c'est-à-dire change continuellement de direction, les molécules d'eau tournoient. Les liaisons faibles (liaisons hydrogène) entre molécules se brisent et se reforment, ce qui dégage de l'énergie, comme si les molécules se «frottaient» les unes sur les autres.

Expérience : L'eau polaire

Faites couler doucement un mince filet d'eau dans le lavabo. Frottez une règle de plastique (ou un ballon, etc.) sur votre chandail ou vos vêtements pour la charger électriquement. Approchez la règle de l'eau, sans faire contact. Le filet d'eau sera attiré par la règle.

Ceci se produit parce que l'eau est polaire. Si la règle est chargée positivement, elle attirera les régions négatives des molécules d'eau et repoussera les régions positives. En moyenne, les régions négatives se trouveront plus près de la règle. L'attraction + – sera donc plus grande que la répulsion + + et le filet d'eau déviera du côté de la règle. Avec une substance non polaire, aucune déviation ne serait perceptible.

Figure 4.1
La déviation d'un filet d'eau par un objet chargé électriquement

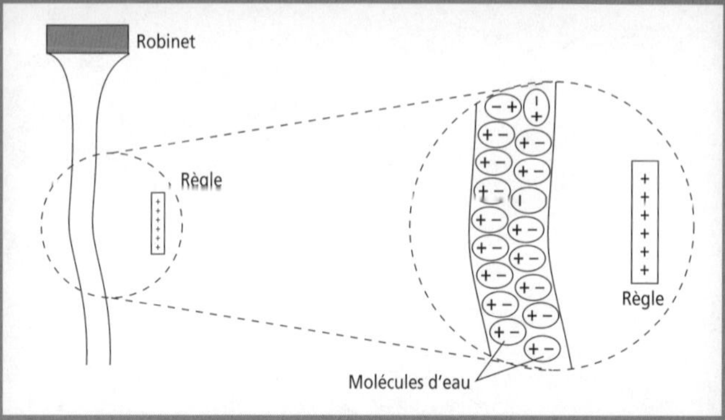

Comme la plupart des aliments contiennent un peu d'eau (même le maïs soufflé, avec environ 12 % d'eau), on peut faire cuire beaucoup d'aliments au micro-ondes. Même l'huile, qui ne contient pas d'eau, peut être chauffée au micro-ondes. On le vérifie en faisant chauffer en même temps des quantités égales d'huile et d'eau. L'huile se réchauffera moins que l'eau, mais elle se réchauffera tout de même parce qu'elle est constituée de TRIGLYCÉRIDES, qui contiennent des groupes chimiques polaires. Si on les chauffe longtemps au micro-ondes des aliments contenant de l'huile ou des graisses peuvent devenir très chauds, puisque leur point d'ébullition est plus élevé que celui de l'eau.

Le fait que ce soit surtout l'eau qui est chauffée dans un four à micro-ondes présente quelques inconvénients. Par exemple, la viande cuite au micro-ondes ne rôtit pas et ressort peu sapide. C'est que la température de l'eau ne peut dépasser 100 °C sans que l'eau ne se vaporise. Or, pour développer pleinement la saveur de nombreux aliments, la température doit être plus élevée. Pour rôtir la viande, pour brunir pains et gâteaux, il faut qu'aient lieu des réactions entre les glucides et les groupes amine

(NH_2) des protéines, réactions qu'on regroupe sous le vocable de « réaction de Maillard ». Ces réactions ne se produisent qu'au-dessus de 150 °C (nous avons déjà rencontré cette situation au chapitre 2, en parlant du pain qui ne rôtit pas autour des raisins en raison de l'humidité dégagée par ces derniers). Bref, le micro-ondes est idéal pour cuire légumes et fruits et pour faire réchauffer des plats déjà cuits, mais il ne peut pas tout faire !

Expérience : La pomme de terre enveloppée

Enveloppez une pomme de terre dans du papier d'aluminium ; **ÉCRASEZ BIEN LES ASPÉRITÉS DU PAPIER.** Mettez la pomme de terre au micro-ondes et **AJOUTEZ UNE TASSE D'EAU DANS LE FOUR.** Faites chauffer durant une minute à haute intensité.

Développez. La pomme de terre est restée froide. Les micro-ondes ne passent pas à travers l'aluminium, parce que les métaux les réfléchissent presque complètement.

Sans la tasse d'eau, rien n'absorberait les micro-ondes. L'intensité des ondes dans le four augmenterait et une partie des ondes retournerait au magnétron, ce qui pourrait perturber son fonctionnement et même l'endommager. Il ne faut jamais faire fonctionner un four à micro-ondes à vide ou sans un matériau qui absorbe les ondes.

Est-il vrai qu'il ne faut pas mettre de métal dans un four à micro-ondes ? Non. Si le métal ne comporte pas d'aspérités ou de pointes et n'empêche pas la pénétration des ondes dans l'aliment, on peut en mettre dans un micro-ondes. Par exemple, une assiette à tarte en métal n'empêche pas de réchauffer un pâté car le métal se trouve contre le fond du four.

Les électrons d'un métal oscillent en réponse au champ électrique variable des ondes et émettent eux-mêmes des ondes, ce qui engendre la réflexion (c'est aussi de cette façon que le miroir de Sophie réfléchit la lumière). Les parois du four, elles aussi métalliques, confinent donc les ondes à l'intérieur. Le grillage métallique installé à l'intérieur de la vitre réfléchit lui aussi les ondes parce que ses trous sont beaucoup plus petits que la longueur d'onde des micro-ondes du four, qui est d'environ 12 centimètres. Certaines antennes de télévision (les « soucoupes ») ou même des radiotélescopes, comportent également des réflecteurs grillagés.

Les micro-ondes injectées dans la chambre de cuisson se comportent donc un peu comme un enfant qui joue à colin-maillard avec ses amis dans une pièce fermée. L'enfant se déplace les mains devant, arrive à un mur, repart dans une nouvelle direction… jusqu'à ce qu'il touche quelqu'un. De même, les ondes rebondissent dans le four jusqu'à ce qu'elles rencontrent un aliment qui peut les absorber.

Puisque les parois réfléchissent les ondes, celles-ci se baladent dans tous les sens à l'intérieur du four. Elles se croisent dans l'espace, elles interfèrent, comme on dit en physique. Dans certaines zones du four, elles se renforcent, s'additionnent; l'intensité des micro-ondes est alors supérieure à la moyenne et la cuisson est plus rapide. À d'autres endroits, les ondes s'opposent, s'affaiblissent, et leur intensité est inférieure à la moyenne. C'est pourquoi il est possible que certaines régions d'un aliment chauffé au micro-ondes soient moins chaudes que d'autres.

Pour diminuer cet inconvénient, les fabricants conseillent de laisser reposer l'aliment quelques instants après le chauffage, pour laisser le temps à la chaleur de se répartir plus uniformément. Plusieurs fours comportent aussi un plateau rotatif, de façon à faire passer l'aliment dans différentes zones du four.

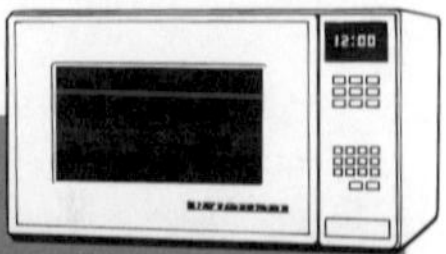

Expérience : Drôle de cuisson

Il est facile d'étudier artisanalement la répartition des ondes dans un four. S'il y a un plateau rotatif, enlevez-le et recouvrez le mécanisme d'entraînement d'un petit plat installé à l'envers, de façon qu'il ne nuise pas à l'expérience. Sur une assiette ou un essuie-tout, disposez à intervalles réguliers des petits morceaux de chocolat, de fromage, de guimauve ou d'un autre aliment qui fond facilement. Faites fonctionner le four quelques secondes et observez l'état de votre fromage ou du chocolat.

Dans mon four, certains grains de chocolat ont été carbonisés en quelques secondes, alors que d'autres étaient à peine chauds !

La présence d'un objet en métal dans le micro-ondes ne constitue un problème que si l'objet métallique est pointu ou très mince. S'il est pointu, les charges électriques peuvent se concentrer temporairement à son extrémité, engendrant des étincelles (décharges électriques) dans l'air. C'est suffisant pour endommager un four. Les objets très minces, fil ou dorure métallique que l'on retrouve sur les couverts, s'échauffent par effet Joule à cause du mouvement alternatif des électrons provoqué par les micro-ondes. Le métal peut fondre ou être porté à incandescence. Pour s'en convaincre, on peut faire l'expérience suivante.

Expérience : Edison aurait aimé ça

Mettez une ampoule électrique dans votre four, AJOUTEZ UNE TASSE D'EAU (pour absorber une bonne partie des ondes) et faites chauffer quelques secondes. L'ampoule s'allumera ! C'est la raison pour laquelle l'ampoule d'un four à micro-ondes n'est jamais située dans l'enceinte de cuisson.

Si vous placez l'ampoule sur un plateau tournant, elle s'allumera et s'éteindra alternativement, révélant les zones plus ou moins irradiées. Attention en reprenant l'ampoule : elle sera chaude !

Le plus drôle, c'est que cette expérience fonctionne même avec une ampoule brûlée, dont le filament est rompu. Essayez-le la prochaine fois que vous aurez à remplacer une ampoule.

Pourquoi le son d'un four à micro-ondes en marche varie-t-il ? Réglé à une puissance inférieure à la puissance maximale, le magnétron fonctionne, s'arrête, repart, s'arrête, les périodes de fonctionnement étant de plus en plus courtes au fur et à mesure qu'on réduit la puissance. À puissance moyenne, par exemple, le magnétron arrête et repart à intervalles de cinq à dix secondes, selon le modèle de four. Écoutez bien le son de votre four, on l'entend varier légèrement quand le magnétron arrête ou repart.

La boîte de conserve

À l'autre bout de la ville, Pierre, lui, mange plutôt « grano » : thon en conserve, salade et pain pita. Pour ouvrir sa boîte de thon, il sort un ouvre-boîtes du tiroir de la cuisine des employés. Les ouvre-boîtes économiques combinent levier et roue, deux « machines simples ». Ils sont constitués d'une molette coupante ou d'un petit couteau pointu qui est enfoncé dans le bord du couvercle, pendant qu'une roue dentée agrippe le dessous du rebord. La roue dentée est liée à une poignée rotative et l'ensemble forme un LEVIER, car la poignée est plus large que la roue dentée. En conséquence, la force exercée par les dents est suffisante pour que la boîte défile sous le couteau ou la molette et que le couvercle soit coupé (dans le cas de l'ouvre-boîtes électrique, c'est un moteur qui joue le rôle de la poignée rotative).

Cet ouvre-boîtes pratique n'a été mis au point qu'en 1930… un siècle après l'invention des boîtes de conserve ! Avant, on devait se servir d'un marteau et d'un ciseau, ou d'une lame à levier, comme celle que l'on retrouve sur certains canifs.

Le couvercle des boîtes de conserve est scellé, sans soudure, par une sertisseuse. Le bord du couvercle et le haut des parois sont simplement repliés deux fois et pressés ensemble (figure 4.2), ce qui suffit à empêcher l'air de passer. Quand Pierre perce sa boîte avec l'ouvre-boîtes, il entend un petit «pchit». C'est que lors du sertissage le contenu est généralement chaud, par exemple à 80 °C. Durant le refroidissement, la pression de l'air restant à l'intérieur diminue. La perforation permet à l'air extérieur d'entrer, ce qui égalise les pressions interne et externe, d'où le petit bruit.

Figure 4.2
Coupe transversale d'une boîte de conserve

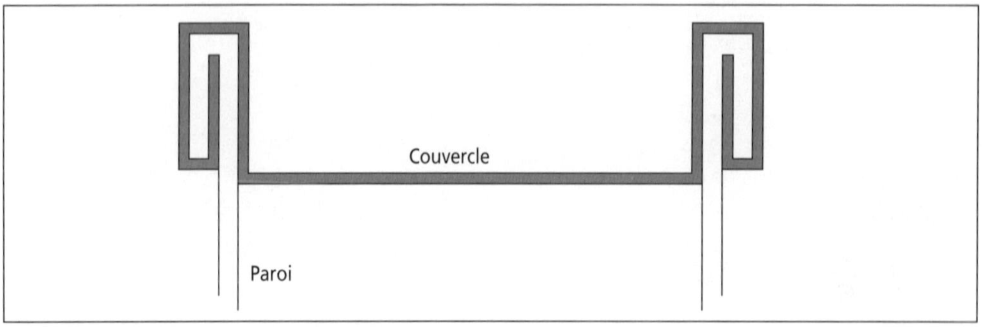

Le repliement du métal du couvercle et des parois empêche l'air de passer.

La digestion des aliments

Pierre prend une première bouchée de thon. Ses mâchoires commencent à écraser la bouchée afin de la réduire en morceaux plus petits. Pierre mâche pour augmenter le rapport surface-volume de ses aliments. Le broyage des aliments permet d'augmenter la surface qui sera exposée aux enzymes dans la bouche, dans l'estomac et dans l'intestin.

La salive de Pierre dissout ou lubrifie les particules de thon. Chaque jour, sa bouche reçoit une quantité de salive allant d'un à deux litres! La salive contient des enzymes qui entament la digestion: amylase, lipase, lysozyme, etc. L'amylase découpe les glucides en sucres plus simples, la lipase hache certains lipides…

Avant de prendre une autre bouchée, Pierre doit avaler la première. Sa langue pousse d'abord la nourriture vers le haut, sur le palais. Puis un centre de son tronc cérébral (à la base du cerveau) met en fonction l'aiguillage qui empêche la bouchée de prendre le mauvais conduit. Pierre arrête temporairement de respirer, son larynx (haut de la trachée) remonte et enfin l'épiglotte, un clapet cartilagineux, bascule et ferme son larynx. Sa langue pousse alors la bouchée mastiquée dans le pharynx. Les muscles circulaires entourant ce dernier chassent la nourriture dans l'œsophage. Tout cela ne se produit que si Pierre a la bouche fermée (il est très difficile d'avaler la bouche ouverte).

Dans l'œsophage, la bouchée est poussée automatiquement par des contractions successives de muscles lisses, des mouvements péristaltiques, comme pour l'œuf dans l'oviducte de la poule. Ça fonctionnerait même si, histoire de faire original, Pierre mangeait la tête en bas. Au bout de 5 à 10 secondes, la nourriture pénètre dans l'estomac.

La digestion vise la transformation des nutriments complexes en molécules simples, assimilables par l'organisme. Pendant plusieurs heures après le repas, sans que Pierre s'en rende compte, la nourriture sera soumise, dans l'estomac, à un brassage mécanique et à l'action chimique d'un acide et d'enzymes très actifs, avant d'être relâchée, petit à petit, dans l'intestin.

Extensible, l'estomac peut contenir un à deux litres d'une bouillie appelée « chyme ». Dans la paroi de l'estomac, divers types de cellules sécrètent jusqu'à trois litres par jour de suc gastrique. Certaines cellules libèrent, avec de l'eau, des ions chlore et hydrogène : cet acide chlorhydrique (HCl) est 100 fois plus puissant que le vinaigre. L'acide tue les bactéries ingérées et active une enzyme, la pepsine, qui coupe les grosses protéines en chaînes d'acides aminés plus courtes.

Évidemment, l'acide, ça brûle. Quand on vomit, la bouche et l'œsophage deviennent douloureux parce qu'ils sont exposés à l'acide de l'estomac. Pourquoi l'estomac ne se digère-t-il pas lui-même ? C'est que d'autres cellules sécrètent un mucus qui en tapisse l'intérieur. Ce mucus contient des glycoprotéines (protéines comportant un glucide ou des parties de glucides) complexes, stables par rapport à l'acide.

De l'estomac de Pierre, le chyme passe à l'intestin grêle, un canal long d'environ cinq mètres que la bouillie parcourt en 3 ou 4 heures. Dans l'intestin grêle s'effectue la majeure partie de la digestion et de l'absorption des nutriments.

D'importants affluents se jettent ici dans le fleuve principal. De la vésicule biliaire se déverse la bile sécrétée par le foie : cette solution, grâce à des substances agissant un peu comme du savon, émulsionne (fractionne en petites gouttes) les lipides, ce qui en facilite la digestion. Du pancréas arrive un liquide contenant de l'eau, des ions bicarbonate (qui neutralisent l'acidité) et des enzymes attaquant les lipides, les glucides, les protéines et les ACIDES NUCLÉIQUES.

La paroi interne de l'intestin grêle ressemble à du velours : elle est constituée de replis dont la surface présente des excroissances, les villosités. La membrane des cellules des villosités comporte elle-même de minuscules tentacules d'environ un micromètre de longueur, les microvillosités. L'existence de toutes ces ramifications augmente considérablement la surface interne de l'intestin et donc les possibilités d'absorption : la surface totale atteint 200 mètres carrés, presque celle d'un terrain de tennis !

Dans l'intestin grêle, les enzymes libèrent des molécules simples, facilement absorbées par les cellules : du glucose obtenu à partir des glucides, des acides aminés provenant des protéines, des ACIDES GRAS et du glycérol tirés des lipides, des vitamines, de l'eau et des ions, comme le sodium, le calcium, etc. Les lipides et les protéines sont digérés et récupérés en totalité mais certains glucides, comme les fibres de cellulose, ne sont pas directement digestibles pour les humains, et la proportion de glucides absorbés est variable. Les cellules de l'intestin grêle récupèrent également près de 90 % de l'eau qui y passe.

Les nutriments traversant la surface des cellules aboutissent dans les capillaires sanguins qui parcourent l'intérieur des villosités. Le sang enrichi se rend ensuite au foie, au rythme d'environ un litre à la minute. Le foie contrôle la concentration des nutriments dans le sang et entrepose ou transforme ces nutriments.

Le gros intestin, ou côlon, long d'environ 1,5 mètre, se termine par le rectum et l'anus. Il absorbe encore un peu d'eau, avec des ions, même au niveau du rectum, ce qui justifie l'emploi des suppositoires (la voie rectale évite aux médicaments sensibles à l'acide d'être dégradés dans l'estomac). Il héberge aussi de nombreux micro-organismes, dont quelques bactéries qui produisent des vitamines et d'autres qui digèrent partiellement la cellulose et libèrent des sucres simples. Leur métabolisme engendre aussi de l'hydrogène, du méthane, du gaz carbonique et certaines molécules odorantes, contenant du soufre et de l'azote, qui se mêlent à l'air (azote et oxygène) arrivé jusque-là après avoir été avalé.

Si la pression de ces gaz augmente, il peut arriver que Pierre, confus, laisse échapper un pet. Un adulte normalement constitué pète plus de 10 fois par jour. Un pet contient généralement entre 30 et 90 millilitres de gaz, mais cela peut atteindre plus de 200 millilitres chez certaines personnes.

Repas terminé et digestion en cours, Pierre est prêt, comme nos autres héros, à entamer l'après-midi. Quelques heures de travail avant d'arriver enfin au week-end !

L'après-midi s'étire

Sustentés et reposés, Antoine, Julie et Sophie retournent en classe. Pierre, lui, doit rejoindre un fournisseur. Le voilà qui sort son agenda, repère un numéro et décroche le combiné du téléphone.

Le téléphone

Comme pour chaque abonné, le téléphone de Pierre est relié au « central » par une ligne constituée de deux petits fils (un pour l'aller, l'autre pour le retour du courant, de façon à compléter un circuit). Le câble téléphonique, enfoui sous terre ou suspendu aux poteaux de téléphone, contient des centaines de ces fils. Chaque ligne est toujours sous tension. La tension continue de 48 volts est fournie par des batteries au central, ce qui explique qu'on puisse téléphoner même en cas de panne d'électricité.

Pour mettre en marche son téléphone, Pierre décroche le combiné, ce qui libère le « plongeur », une partie mobile qui agit comme interrupteur. Tant que le combiné reste accroché, le courant ne passe pas. En décrochant, Pierre permet à un courant de quelques milliampères de passer dans la ligne, avertissant l'ordinateur du central qu'il veut appeler.

L'ordinateur envoie alors sur la ligne un signal (courant électrique) générant la tonalité qui avise Pierre qu'il est en ligne. Ce dernier enfonce les touches du téléphone pour composer le numéro. Chaque touche émet un son composé de deux tonalités, par exemple 770 et 1 336 hertz pour le chiffre 5. Les fréquences, représentées à la figure 5.1, ont été choisies de façon que l'ordinateur du central puisse détecter les sons sans qu'il y ait risque de confusion. Les sons sont produits aussi longtemps que la touche est enfoncée, environ 0,25 seconde, et il faut environ 0,25 seconde pour que le doigt passe d'une touche à l'autre. Ainsi, il faudra à Pierre environ 3,25 secondes pour composer le numéro 444-1919.

Figure 5.1

Clavier de téléphone et fréquences émises lorsqu'on appuie sur un bouton

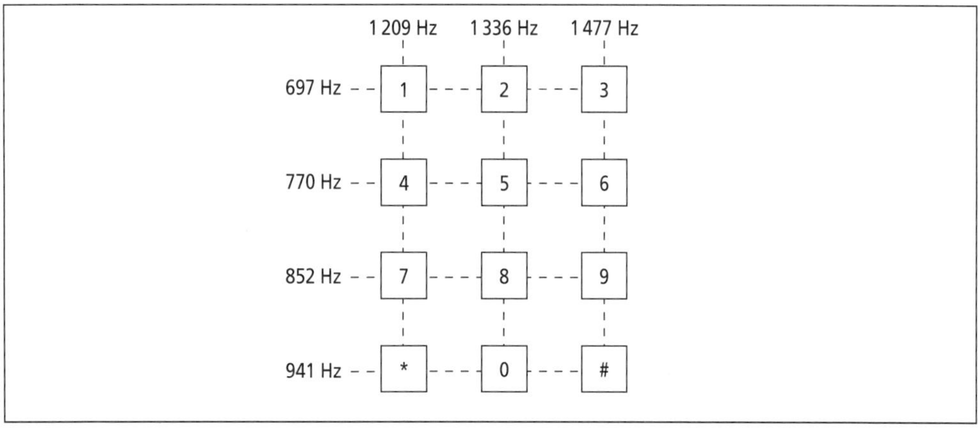

Les fréquences sont en hertz (Hz). À titre de comparaison, la note « la » centrale d'un piano émet un son de 440 Hz.

Après avoir reconnu le numéro, l'ordinateur du central détermine si la ligne de l'appelé est occupée ou libre. Si elle est libre, le central envoie dans la ligne un courant alternatif qui actionne la sonnerie. Dès que l'appelé décroche, l'ordinateur coupe le signal alternatif et connecte les lignes des deux abonnés. Si le numéro appelé est près du bureau de Pierre, la connexion se fait uniquement par le central. Si l'appelé se trouve dans une autre zone téléphonique, le central se met en communication avec un autre central pour acheminer et contrôler l'appel.

Il peut arriver que l'interlocuteur réponde avant que Pierre n'entende la sonnerie à l'autre bout, ce qui surprend toujours. C'est que l'ordinateur envoie au téléphone de Pierre un signal indiquant que le téléphone appelé sonne. Ce signal est indépendant de celui qui produit la sonnerie réelle et peut donc être un peu en retard: la personne appelée entend la vraie sonnerie et décroche avant que Pierre n'entende la sonnerie « témoin ».

L'analogique et le numérique

Son interlocuteur ayant répondu, Pierre parle dans le microphone de son combiné. Le microphone engendre un signal électrique alternatif, dont l'amplitude, d'environ un volt, varie en fonction de l'intensité de la voix. Si le téléphone est analogique, ce signal alternatif se superpose au courant continu circulant dans la ligne. Dans le téléphone de son interlocuteur, le signal alternatif est récupéré et fait vibrer le haut-parleur de l'écouteur, qui reconstitue la voix de Pierre.

Si le téléphone de Pierre est numérique, l'amplitude du signal capté par le microphone est échantillonnée par un circuit appelé convertisseur analogique-à-numérique, intégré au téléphone. Le convertisseur mesure l'amplitude 8000 fois par seconde, soit toutes les 125 microsecondes (millionièmes de seconde). La valeur obtenue à tous les 1/8000 de seconde est exprimée sur une échelle allant de 0 à 255. Les 256 valeurs possibles sont exprimées en numération binaire dans laquelle les chiffres ne peuvent être que 0 ou 1, comme dans 10110101.

En partant de la droite, chaque 1 correspond à un chiffre qui est le double du précédent. Autrement dit, le premier chiffre à droite représente les unités, le suivant, les « deuxaines », le troisième, les « quatraines », le quatrième, les « huitaines », et ainsi de suite. Le nombre 0000 0010 équivaut à 2, 0000 1111 équivaut à 15 ($1 \times 8 + 1 \times 4 + 1 \times 2 + 1 \times 1$) et 0011 1111 vaut 63 ($1 \times 32 + 1 \times 16 + 15$). L'amplitude du signal électrique à un instant donné peut donc être représentée par un nombre de 8 bits (bit, de l'anglais *binary digits*). Le débit numérique du téléphone de Pierre est donc de 8 bits, 8000 fois par seconde, soit 64 kilobits par seconde.

Les nombres binaires présentent l'avantage de pouvoir être facilement traités, transmis et convertis par des circuits électroniques. Il suffit d'envoyer une impulsion électrique pour représenter le 1, et rien pour le 0. Au lieu d'un signal électrique continu et variable, comme pour le téléphone analogique, un téléphone numérique transmet donc, dans la ligne téléphonique, une série d'impulsions très brèves. Chez l'interlocuteur de Pierre, le convertisseur numérique-à-analogique reconstitue le courant électrique représentant la voix de Pierre, courant qui est fourni au haut-parleur du téléphone.

Le signal numérique présente l'avantage d'être peu sensible au bruit et aux interférences électriques puisque les impulsions, même déformées, restent des impulsions. Au contraire, une onde analogique déformée se traduit par une voix différente. Un système téléphonique numérique permet aussi de transmettre n'importe quelle information numérisée, que ce soit de la musique, des images ou des données informatiques.

Mais surtout, le signal numérisé se transmet plus rapidement. Le circuit électronique du téléphone code et transmet en moins de 4 microsecondes l'amplitude mesurée toutes les 125 microsecondes. Le signal transmis occupe donc environ 1/32 du temps de transmission possible. On peut ainsi augmenter le débit d'informations et faire « cohabiter » 32 conversations sur une même ligne, par exemple entre deux centraux. Il suffit de « hacher » et d'intercaler chacune des conversations parmi les autres et de les en extraire à l'arrivée; c'est ce qu'on appelle le « multiplexage ».

Le téléphone cellulaire

L'interlocuteur de Pierre peut aussi répondre sur un téléphone qui n'est pas connecté au réseau téléphonique filaire : un téléphone cellulaire. La liaison s'établit alors grâce à des micro-ondes (par exemple, à une fréquence d'environ 1,9 gigahertz, soit 1,9 milliard de hertz) émises par une station faisant partie du réseau cellulaire.

Ce réseau est constitué de zones, les « cellules », de quelques kilomètres de diamètre. Dans chaque cellule, une station reliée aux autres stations du réseau cellulaire ainsi qu'au réseau téléphonique filaire est en liaison avec les téléphones cellulaires en marche. Si un abonné, l'interlocuteur de Pierre, est sollicité, la station active la communication et son antenne émet le signal par voie aérienne à une fréquence donnée. Si l'interlocuteur de Pierre change de cellule, la conversation continue mais sur une autre fréquence allouée par le réseau.

Si un abonné désire amorcer une communication, son téléphone émet des ondes qui sont captées par l'antenne de la station avant d'être retransmises vers d'autres stations par micro-ondes ou par le réseau filaire. Le signal émis par un téléphone cellulaire est assez faible ; c'est l'antenne qui le reçoit le mieux, généralement la plus proche, qui achemine le signal.

Pour éviter les interférences, chaque cellule n'utilise qu'un certain nombre de fréquences et les cellules voisines sont desservies par des fréquences différentes. L'intérêt du système, c'est que des fréquences identiques peuvent être utilisées dans des cellules non voisines, ce qui permet d'assurer beaucoup de conversations à la fois, même si la gamme du spectre électromagnétique allouée à la téléphonie mobile est relativement étroite.

Sieste et bâillement

Pendant que Pierre bavarde affaires, Rachel a retrouvé la position horizontale qu'elle avait au début de notre histoire. À la garderie, en effet, c'est l'heure de la sieste, activité ayant pour fonction principale de préserver la santé mentale des éducatrices... Les enfants dorment et nombre d'adultes aimeraient faire comme eux. C'est que notre niveau de vigilance varie durant la journée ; élevé le matin et en début de soirée, à l'heure du 5 à 7, il est plus bas au milieu de l'après-midi.

Quand des chercheurs ont étudié le sommeil, en isolant des sujets volontaires et en les privant de toute stimulation, ils ont découvert que la probabilité de voir les sujets dormir augmentait autour de 13 h. Dans un contexte normal, cette tendance est contrecarrée par l'activité, le travail... et le café. C'est pourquoi Pierre, qui doit faire quelques efforts pour ne pas somnoler, va se chercher une tasse de café après avoir terminé son appel.

Café ou pas, Pierre bâille. Il ouvre la bouche, sa langue s'abaisse, son pharynx et ses narines se dilatent. Les muscles de son visage se contractent, ses yeux se ferment, des larmes sont excrétées. Enfin, il expire et ses muscles se relaxent.

Bien qu'il soit si courant, le bâillement est un phénomène encore mal compris. Bâiller, croit-on généralement, sert à amener plus d'oxygène aux poumons, quand le taux d'oxygène dans le sang devient trop faible. Cette hypothèse, qui semble raisonnable, a été démolie dès qu'elle a été mise à l'épreuve, au milieu des années 1980. Dans une expérience, des volontaires méditant sur le bâillement – ce qui les incitait à bâiller – respiraient de l'air contenant différentes proportions d'oxygène et de gaz carbonique (CO_2). Résultat : leurs rythmes respiratoires variaient bien selon la proportion d'oxygène et de gaz carbonique, mais pas le nombre de bâillements ! Même les sujets respirant de l'oxygène pur bâillaient autant que ceux qui respiraient de l'air contenant 5 % de gaz carbonique. Bref, augmenter l'oxygénation n'est pas la principale raison du bâillement.

D'autres hypothèses ont été avancées mais jamais entièrement confirmées. Ainsi, certains chercheurs croient que la fonction du bâillement pourrait être de stimuler le métabolisme cérébral. En plus d'une grande inspiration, le geste du bâillement s'accompagne en effet d'un étirement des muscles de la tête, du cou et de la gorge ainsi que d'une contraction du diaphragme. Ce mouvement des muscles entraîne un accroissement du rythme cardiaque et de la pression sanguine et augmente l'apport de sang au cerveau. On a aussi avancé l'hypothèse que bâiller contribue à contrecarrer le sommeil, lors d'une situation où il faut rester vigilant, par exemple en société ou au travail. Le bâillement qu'on perçoit comme un signal d'ennui est peut-être, au contraire, une façon de rester attentif.

Voir quelqu'un bâiller nous amène souvent à l'imiter. Le bâillement est hautement « contagieux » mais on ne sait pas pourquoi ni comment. Le son du bâillement incite les aveugles eux-mêmes à bâiller ! Penser au bâillement ou lire sur le sujet a le même effet ; combien de fois avez-vous bâillé depuis que vous lisez ces derniers paragraphes ?

La montre à cristaux liquides

À son école, Antoine ne bâille pas, lui, mais il a des fourmis dans les jambes. Même s'il aime bien son cours d'arts plastiques, il a hâte que l'école finisse. La montre à laquelle Antoine se fie pour étudier la dilatation du temps, le vendredi après-midi, fonctionne grâce à deux types de cristaux : le quartz, qui rythme le temps, et les cristaux liquides, qui constituent l'affichage.

Le quartz, de l'oxyde de silicium (SiO_2), se trouve sous forme de cristaux brillants dans de nombreuses roches et dans le sable. L'explorateur français Jacques Cartier croyait avoir trouvé des diamants lors de son troisième voyage en Nouvelle-France en 1541. De retour en France, on lui a dit que ses diamants étaient en fait du quartz. Peut-être s'est-il consolé depuis car maintenant, presque tout le monde porte du quartz au poignet.

C'est que pour rythmer et mesurer le temps, il faut un phénomène périodique. Dans une montre ou une horloge, ce phénomène est la vibration du quartz, qui est piézoélectrique. C'est le Français Pierre Curie qui a découvert la piézoélectricité, à l'âge de 21 ans, avant de devenir le mari de Marie.

Un matériau piézoélectrique est constitué de molécules polaires. S'il est déformé mécaniquement, un champ électrique s'établit entre ses surfaces. À l'inverse, un matériau piézoélectrique soumis à un champ électrique se déforme. Dans une montre, le cristal de quartz, maintenu à une de ses extrémités, vibre en flexion, un peu comme un diapason. Soumis à un champ électrique fluctuant par deux électrodes, le cristal est mis en vibration à une fréquence qui dépend de ses dimensions. En vibrant, le cristal produit lui-même un signal électrique alternatif.

Pour les montres ordinaires, les cristaux sont taillés de façon que leur fréquence de vibration soit le plus proche possible de 32 768 hertz. D'habitude, on utilise des cristaux longs de quelques millimètres et épais d'un dixième de millimètre. Un diviseur de fréquence, intégré dans une puce, effectue ensuite une série de divisions par 2 ($32\,768 = 2^{15}$) et ramène la fréquence du signal électrique à un hertz ou un cycle par seconde. On peut ainsi mesurer le temps en secondes. Si la montre comporte des aiguilles, le signal contrôle un moteur électrique qui entraîne les rouages des aiguilles. En passant, savez-vous pourquoi les aiguilles d'une montre tournent dans le sens où elles tournent et non dans l'autre ? C'est qu'elles tournent dans le sens du mouvement de l'ombre du style d'un cadran solaire… dans l'hémisphère Nord. Autrement dit, le sens de rotation des aiguilles est un indice du fait que les horloges et montres ont été mises au point dans l'hémisphère Nord.

Au lieu d'aiguilles, la montre d'Antoine comporte un affichage à cristaux liquides. Qualifier un cristal de « liquide » peut sembler contradictoire mais cela s'explique. Dans un cristal solide, les atomes ou molécules occupent dans l'espace des positions bien définies, avec des orientations précises. Dans un liquide, au contraire, les molécules bougent et tournent dans tous les sens : le désordre règne. Un cristal liquide tient de ses deux « parents ». Dans les cristaux liquides les plus simples, appelés « nématiques », des molécules organiques oblongues s'alignent plus ou moins parallèlement dans la même direction, tout en se déplaçant librement comme les molécules d'un liquide. Cet alignement résulte des forces s'exerçant entre les molécules.

À cause de l’orientation préférentielle des molécules, les cristaux liquides modifient la polarisation de la lumière. La lumière ordinaire, non polarisée, est constituée d’ondes électromagnétiques dont le champ électrique oscille dans toutes les directions (perpendiculairement à la direction de propagation de la lumière). Dans une onde lumineuse polarisée, comme celle transmise par des verres polarisants, l’oscillation du champ électrique se fait dans une seule direction.

Les affichages de montres sont constitués d’une couche de cristaux liquides d’environ 10 micromètres d’épaisseur, prise en sandwich entre deux plaques de verre. À l’intérieur de chaque plaque, des électrodes conductrices transparentes reproduisent des portions des caractères désirés. Pour indiquer un chiffre, la puce qui contrôle l’affichage soumet les électrodes correspondantes à une tension électrique de quelques volts. Vis-à-vis des électrodes activées, les molécules de cristaux liquides changent de direction, ce qui modifie la polarisation de la lumière. Ces régions apparaissent en noir parce que la lumière traverse des filtres spéciaux (polariseurs) à la sortie de l’affichage.

Les balles de neige

Juste au moment où Antoine met la dernière main à son nouveau chef-d’œuvre, la cloche sonne et la journée scolaire se termine enfin. Les enfants rangent vite leurs cahiers, se ruent hors de la classe et enfilent leurs vêtements d’hiver. Dehors, en attendant sa sœur, Antoine étudie la balistique, c’est-à-dire échange quelques balles de neige avec ses copains. Façonner des balles de neige constitue un autre des plaisirs de l’hiver, mais d’où vient la cohésion de ces agrégats de flocons ?

Aussi surprenant que cela puisse paraître, la cohésion des balles de neige n’est pas totalement comprise et il est possible que plusieurs facteurs y contribuent concurremment. Une des explications veut que la chaleur des mains et la pression exercée par celles-ci, quand on comprime la neige pour façonner la boule, fassent fondre les aspérités des cristaux de neige près de la surface de la boule. Le froid recongèle vite le peu d’eau fondue, cimentant les cristaux de neige ensemble. Ce serait aussi par ce processus que la neige se solidifie pour constituer les glaciers et que la neige humide recouvrant la chaussée se transforme en glace sous la pression exercée par les pneus des véhicules. Quand la neige est très froide, la pression ne réussit pas à la faire fondre aux points de contact des cristaux et elle ne colle pas.

Autre explication possible : des expériences ont montré que des particules de glace peuvent adhérer ensemble à des températures aussi basses que –25 °C sans être soumises à une pression extérieure. Les molécules d’eau se trouvant à la jonction de deux particules de glace ou de deux cristaux de neige migreraient sous forme de vapeur ou au sein d’un mince film d’eau existant à la surface des cristaux avant de recristalliser. Cette migration serait plus rapide à une température proche de zéro, ce qui expliquerait pourquoi c'est la neige « mouillée » qui colle le mieux.

Les lecteurs optiques

Pendant qu'Antoine et Julie partent pour la maison, Sophie termine aussi sa journée de travail rémunéré et va rapidement faire quelques achats au supermarché avant de rentrer. Un sac de croissants, des bananes et de la laitue, du bœuf haché, des biscuits, du lait… Elle manœuvre son chariot avec maestria jusqu'à la caisse enregistreuse, où la caissière passe chaque objet au-dessus d'une vitre. On entend de petits « bip » et le prix des objets s'affiche sur un écran.

Le lecteur optique « lit » les codes à barres, qui sont des ensembles de lignes noires et blanches de différentes largeurs. Il existe plusieurs systèmes de codes à barres. Dans tous les cas, le code procure l'information sur le produit et son fournisseur ; en comparant deux produits du même fabricant, on constate d'ailleurs que certains chiffres sont les mêmes. Chaque produit existant possède son code spécifique. Le lecteur optique envoie à un ordinateur un signal électrique correspondant à ce code. L'ordinateur retrouve dans sa mémoire le prix correspondant à l'article et en commande l'affichage. Malheureusement, on n'a pas toujours inscrit le bon prix en mémoire, c'est pourquoi il faut être vigilant.

Les lecteurs optiques les plus courants comprennent un LASER à SEMICONDUCTEUR qui crée un mince faisceau de lumière rouge. La longueur d'onde typique est de 675 NANOMÈTRES (la gamme de lumière visible, du violet au rouge, s'étend de 400 à 700 nanomètres). Les lecteurs demeurent généralement au repos. L'arrivée d'un objet est détectée par un senseur à infrarouge, qui active le laser. Le faisceau laser se réfléchit sur un miroir tournant et balaie ainsi la région qui est devant lui environ 50 fois par seconde. À cette fréquence, l'œil ne voit pas la lumière papilloter.

S'il y a un code à barres devant le faisceau laser, les traits noirs absorbent la lumière mais les espaces blancs la réfléchissent en succession. Pendant que vous lisez ce livre, il se produit un peu la même chose : les caractères noirs absorbent la lumière incidente pendant que les régions blanches la réfléchissent dans toutes les directions, y compris vers votre œil. C'est ce qui vous permet de distinguer les caractères.

Dans le lecteur optique, un photodétecteur capte une partie de la lumière réfléchie et convertit la séquence d'éclairs lumineux plus ou moins longs et plus ou moins espacés en un signal électrique caractéristique, qui est ensuite numérisé.

Décrit ainsi, ça paraît simple. Cependant, le système doit s'adapter à de nombreuses variations. Le balayage peut s'amorcer à un bout du code ou à l'autre. La vitesse et l'orientation de l'objet passé devant le faisceau change d'un article à l'autre. Les lecteurs de supermarché sont omnidirectionnels : ils lisent le code quel que soit l'angle de présentation. Ils comprennent un dispositif supplémentaire, par exemple un ensemble de miroirs rotatifs qui engendre des lignes de balayage entrecroisées (comme à la figure 5.2), qui permet au faisceau de balayer dans plus d'une direction à la fois.

Si le faisceau laser ne se déplace pas perpendiculairement aux barres, les intervalles lumineux et sombres sont plus longs (tout comme il faut plus de temps pour traverser une rue en diagonale). Le microprocesseur du lecteur analyse le signal et effectue toutes les corrections nécessaires. Si toute l'information n'a pas été captée, il n'y aura pas de « bip » et la caissière devra repasser l'article.

Figure 5.2

Exemple de patron de balayage d'un lecteur optique omnidirectionnel

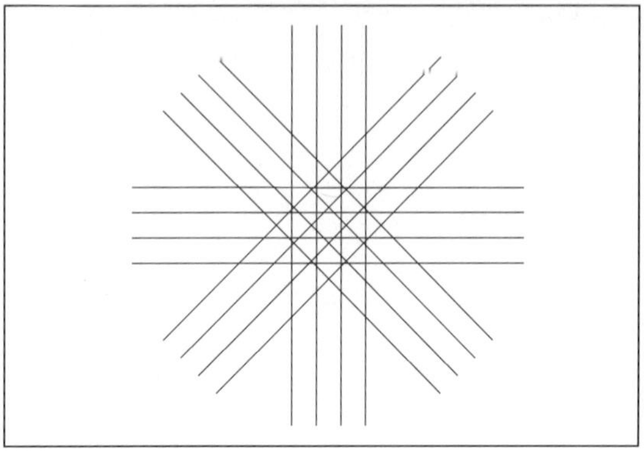

Les boucles de détection pour feux de circulation

Pendant que Sophie rentre à la maison avec ses sacs d'épicerie, Pierre quitte aussi le bureau. Il reprend sa voiture et se dirige vers la garderie, en pleine heure de pointe. Arrivé à l'intersection d'un grand boulevard, il attend que le feu passe au vert. Trente secondes, une minute, une minute et demie… il s'impatiente et d'autres conducteurs aussi, car on entend quelques coups d'avertisseur. C'est que le feu de circulation est contrôlé par une boucle de détection installée sous la chaussée et la première auto n'est pas assez avancée pour activer le système.

De nombreux carrefours comportent de telles boucles de détection mais peu d'automobilistes connaissent le dispositif, ce qui peut entraîner de petits retards, comme celui dont Pierre est victime. Une boucle de détection est constituée de trois ou quatre enroulements (spires) d'un fil enfoui, avant la ligne d'arrêt, environ 10 centimètres dans la chaussée. La boucle fait partie d'un « circuit RLC », comprenant une résistance (R), une inductance (L) et un condensateur (C), trois constituants des circuits électriques. Dans un circuit RLC, l'intensité d'un courant alternatif varie de façon marquée avec la fréquence du courant et devient très grande à une fréquence qu'on appelle fréquence de résonance.

Quand une auto passe au-dessus de la boucle de fil, elle modifie l'inductance et donc la fréquence de résonance du circuit. Le contrôleur, l'appareil qui règle l'alternance des feux de circulation, détecte la variation de fréquence, qui peut être aussi faible que 0,01 %. C'est surtout le fer de l'auto, grâce à ses propriétés magnétiques, qui modifie l'inductance de la boucle.

La boucle est généralement installée dans une rue secondaire donnant sur une artère fréquentée. Quand une automobile s'arrête au feu rouge sur la rue secondaire, près de la ligne d'arrêt, le contrôleur, alerté par la boucle, fait passer le feu au vert après un certain délai. Dès qu'il n'y a plus d'autos dans la rue secondaire, ou après un court intervalle de temps déterminé, le feu redevient rouge. Ce système, en augmentant les périodes où le feu est vert sur l'artère principale, y accroît la fluidité de la circulation. Petit hic, les boucles de détection installées dans les rues ne détectent pas les vélos.

Les coussins gonflables

La première auto s'est finalement un peu avancée et le feu est passé au vert. Après avoir roulé quelques minutes, Pierre arrive à la garderie. Rachel, contente de voir arriver son papa, se jette dans ses bras. Pendant que Pierre l'habille, elle lui raconte sa journée.

Pierre va ensuite installer Rachel dans l'auto, sur le siège arrière. En effet, il n'est pas recommandé d'asseoir les jeunes enfants sur le siège avant à cause du coussin gonflable. Si un choc survient, le coussin se gonfle soudainement et peut blesser au visage les personnes plus petites ou trop rapprochées du tableau de bord ou du volant. Le coussin gonflable présente néanmoins plus d'avantages que d'inconvénients ; autrement dit, comme la ceinture de sécurité, il épargne beaucoup plus de décès et de blessures qu'il n'en cause.

Lors d'une collision frontale, le ou les occupants d'une auto ralentissent et s'immobilisent nécessairement. Les forces qui les ralentissent sont exercées par le volant, la ceinture de sécurité et le tableau de bord. Plus ces forces sont élevées, plus le risque de blessure augmente. Le coussin gonflable, en répartissant les forces sur une plus grande surface, soumet le corps à de plus faibles pressions et réduit les dommages corporels.

Mieux encore, le coussin gonflable est conçu pour diminuer la force moyenne qui s'exerce sur les occupants, en augmentant non seulement la surface de contact mais aussi le temps et la distance sur laquelle la décélération s'effectue. Après s'être gonflé et avoir atteint son volume maximal, en effet, le coussin se dégonfle en grande partie en quelques centièmes de seconde. Le passager bénéficie donc de plus de temps pour ralentir que s'il heurtait un objet rigide. Ici encore, les forces et les pressions en jeu sont réduites.

Contrairement à ce que laisse entendre l'expression anglaise *air bag*, le gaz employé pour déployer un coussin gonflable n'est pas (tout à fait) de l'air mais de l'azote, qui constitue 79 % de l'atmosphère terrestre. Le générateur de gaz contient un mélange précis d'azoture de sodium (NaN_3), de nitrate de potassium (KNO_3) et de dioxyde de silicium (SiO_2). Le nitrate de potassium, anciennement appelé salpêtre, est utilisé dans les feux d'artifice et, même si on n'en comprend pas le mode d'action, dans certains dentifrices pour dents sensibles.

Le mélange explose quand des capteurs mécaniques ou électroniques situés dans les pare-chocs détectent une forte décélération et génèrent une décharge électrique. Sous l'effet de la chaleur dégagée par l'explosion, les quelque 150 grammes d'azoture de sodium se décomposent rapidement en azote et en sodium ; le nitrate de potassium libère aussi un peu d'azote. Les résidus du NaN_3 et du KNO_3 réagissent enfin avec le SiO_2 pour former… du verre. Le coussin est gonflé à son maximum au bout d'environ 50 millisecondes. L'azote chaud sort par des évents situés à la base du coussin et le coussin se dégonfle tout de suite.

Habituellement, lors d'un face-à-face à 50 km/h, tout est terminé en environ un dixième de seconde. Durant ce temps, avec un coussin gonflable, une personne peut être soumise à une force totale atteignant 10 000 newtons, équivalant à un poids de 1 000 kilogrammes.

Il y a un inconvénient au système : l'azoture de sodium est toxique, plus que le cyanure (de sodium, NaCN). Si des autos sont mises au dépotoir sans que leurs coussins gonflables aient été déclenchés, l'azoture de sodium peut s'accumuler dans l'environnement. Théoriquement, les générateurs de gaz devraient être retirés et recyclés, ou activés. Quant à savoir ce qu'il en est réellement, disons que le milieu de l'automobile n'est pas le plus respectueux de l'environnement…

Après quelques minutes d'un parcours sans incident, Pierre et Rachel arrivent enfin à la maison, où les ont précédés Antoine, Julie et Sophie. Le week-end commence.

Aux fourneaux, les cuistots !

Pierre et Sophie s'embrassent. Ils aimeraient bien relaxer un peu, lire le journal, prendre un apéritif... Mais trois jeunes bouches à nourrir, ça n'attend pas longtemps. Après avoir installé Rachel devant un jeu de construction, pour l'occuper, Pierre et Sophie s'activent dans la cuisine en se racontant les menus événements de la journée. Antoine et Julie ont déjà les yeux rivés sur les dessins animés de la télévision.

Frigo, CFC et couche d'ozone

Pierre sort le bœuf haché du réfrigérateur, où il est resté à 4 °C depuis que Sophie l'y a mis. L'intérieur du réfrigérateur est froid grâce aux « transferts d'énergie liés aux changements d'état des fluides ». Cette expression glaciale signifie simplement qu'un liquide, pour s'évaporer (liquide et gaz sont deux états des fluides), soutire de la chaleur à son environnement[1]. Inversement, un gaz, en se liquéfiant, dégage de la chaleur.

Les changements de température liés au changement de volume des gaz contribuent aussi au fonctionnement du réfrigérateur. Par exemple, en comprimant un gaz, on l'échauffe. Si le gaz se détend, c'est-à-dire prend de l'expansion, il se refroidit. Exemple concret : quand on gonfle un pneu de vélo avec une pompe manuelle, le bout de la pompe et la valve de la chambre à air s'échauffent. Quand on pompe, en effet, on exerce une force et on transfère de l'énergie au gaz. Si les molécules d'air ont plus d'énergie, elles circulent plus vite, ce qui correspond à une augmentation de la température du gaz. Et l'air chaud réchauffe le bout de la pompe et la valve.

---

1. Anciennement, on frictionnait les personnes fiévreuses avec de l'alcool propylique liquide qui s'évaporait assez vite en rafraîchissant la personne malade. Cette pratique a été abandonnée parce que l'alcool irrite la peau.

C'est grâce à de tels comportements de la matière que Pierre peut savourer une bonne bière froide ! Dans un réfrigérateur, le compresseur, généralement situé au bas de l'appareil[2], fait circuler le fluide réfrigérant dans un circuit de tuyaux (figure 6.1). Ce circuit se divise en deux : une région où le réfrigérant se trouve à pression élevée, du compresseur à la valve d'expansion, et une région où la pression est faible, de la valve d'expansion au compresseur.

Figure 6.1
Cycle du fluide de réfrigération

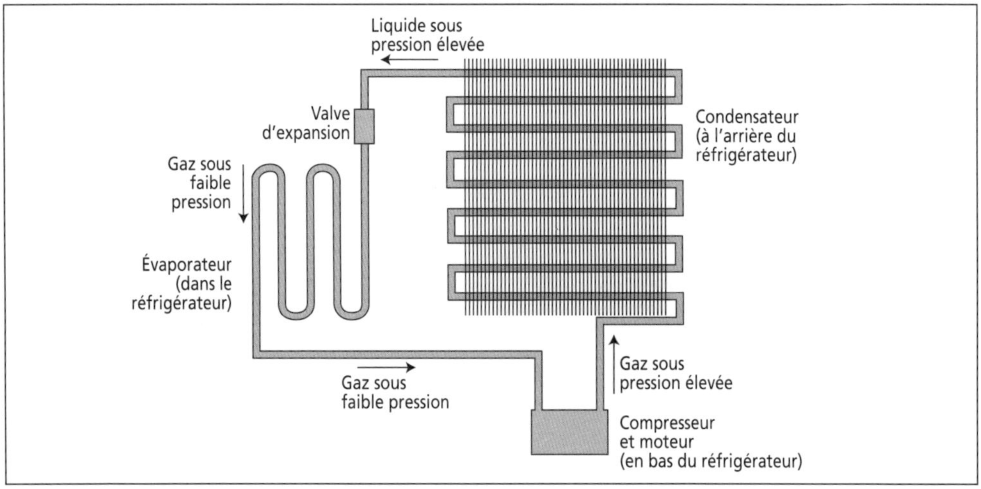

En arrivant dans l'évaporateur, situé sous le congélateur ou dans la paroi arrière du réfrigérateur, le fluide se vaporise complètement sous l'effet de la diminution de pression. Ce faisant, il se refroidit à une température plus faible que celle de l'intérieur du réfrigérateur. En circulant, le réfrigérant absorbe donc une partie de la chaleur présente dans le réfrigérateur et se réchauffe pendant que l'intérieur du réfrigérateur se refroidit, ce qui est évidemment le but recherché.

Le compresseur aspire le gaz et le comprime sous une pression de 8 à 10 BARS (la pression atmosphérique est égale à 1 bar). Comme tout gaz comprimé, le réfrigérant se réchauffe. Il arrive ainsi à environ 40 °C, toujours sous forme gazeuse, dans le condenseur situé à l'arrière du réfrigérateur. Là, le réfrigérant cède de la chaleur à l'air environnant, plus froid, et se condense en liquide. Le condenseur comporte plusieurs tiges métalliques pour augmenter la surface de contact avec l'air, et ces tiges sont fines pour augmenter le rapport surface-volume. En quittant le condenseur, le réfrigérant passe dans la valve d'expansion, qui sépare les régions du circuit qui sont à forte pression de celles qui sont à faible pression, et le cycle recommence.

2. Cette position n'est pas idéale puisque l'air réchauffé par le moteur s'élève vers le compartiment intérieur, que l'on veut garder froid.

Le réfrigérant doit respecter de nombreux critères : température d'ébullition permettant les changements de phase mentionnés, ininflammabilité, toxicité faible ou nulle, etc. On a longtemps utilisé, comme réfrigérants, des chlorofluorocarbones (CFC), aussi connus sous leur nom commercial Fréon®. Ces produits ont été employés jusque dans les années 1990 comme réfrigérants et extincteurs.

Les chlorofluorocarbones finissaient souvent par s'échapper des circuits de refroidissement et par diffuser dans l'air. Au milieu des années 1970, on a découvert que les CFC montent lentement dans l'atmosphère. À des altitudes de plus de 10 kilomètres, les ultraviolets venant du Soleil dégradent les molécules de CFC, ce qui libère des atomes de chlore. Ceux-ci détruisent les molécules d'ozone (O_3) présentes dans la haute atmosphère, ce qui constitue un gros problème puisque l'ozone absorbe la majeure partie des rayons ultraviolets énergétiques et nous en protège.

On entend souvent parler de « trou » dans la « couche d'ozone ». D'abord le mot « couche » porte à confusion : l'ozone est en fait dilué sur des dizaines de kilomètres d'altitude. Si tout l'ozone était regroupé à la pression atmosphérique, il formerait une couche d'à peine quelques millimètres d'épaisseur. De la même façon, le mot « trou », rendu populaire par les médias, est trompeur quand on sait qu'il n'y a pas d'endroit où 100 % de l'ozone aurait disparu. Il serait préférable de parler « d'amincissement » de l'ozone. Aux latitudes tempérées de l'hémisphère Nord, la perte en ozone est d'environ 10 %, ce qui est moins que les variations saisonnières naturelles liées aux changements de température.

Le problème étant tout de même assez préoccupant (et nettement plus simple à solutionner que l'émission de CO_2), plusieurs gouvernements et organismes internationaux s'y sont attaqués. Le Protocole de Montréal, entente internationale signée en 1987, a mené à la réduction puis à l'interdiction de la production et de la consommation de CFC. C'est ainsi que dans les réfrigérateurs récents, on emploie des hydrochlorofluorocarbones, comme le HCFC 134A, plutôt que des CFC. Les HCFC sont dégradés par des radicaux hydroxyde (OH^-) dans la basse atmosphère et peu de chlore atteint la « couche » d'ozone. Toutefois, les HCFC, tout comme les CFC, sont des gaz à effet de serre et contribuent au réchauffement du climat.

Aujourd'hui, la quantité de CFC dans l'atmosphère a commencé à décliner lentement. On prévoit qu'il faudra tout de même une centaine d'années pour que la quantité d'ozone dans la stratosphère revienne aux valeurs de l'ère préindustrielle... si la production d'autres substances nocives pour l'ozone n'augmente pas.

Viande et cuisson

Le bœuf haché que Pierre a tiré du frigo doit maintenant être réchauffé. Pierre commence à le faire cuire dans une poêle, sur la cuisinière. La viande, c'est du muscle, plus précisément un assemblage de cellules musculaires liées par du tissu conjonctif. Une viande est tendre quand les fibres musculaires sont fines et quand elle contient une bonne proportion de gras et peu de tissus conjonctifs. Le gras, en effet, fond durant la cuisson, lubrifie les fibres et rend le muscle plus facile à couper. C'est pourquoi un steak bien persillé est apprécié… et cher.

La viande la plus tendre provient des muscles les moins utilisés de l'animal. Le filet mignon, par exemple, vient du dos du bœuf, moins sollicité que la croupe ; de plus, il contient peu de tissu conjonctif, ce qui contribue à sa tendreté. De la même façon, les cuisses de poulets élevés à l'extérieur sont plus dures que la poitrine, parce que ces volatiles marchent mais n'utilisent que fort peu leurs ailes, actionnées par les muscles de la poitrine.

Chez les jeunes animaux, comme le veau, les fibres musculaires sont fines et la viande est tendre, bien qu'elle souffre d'être un peu « sèche » à cause de sa faible proportion de gras. Avec la croissance et l'exercice, les fibres musculaires grossissent sans que leur nombre augmente. Cette croissance est due à l'augmentation du nombre de filaments d'actine et de myosine, filaments protéiniques qui assurent la contraction du muscle. Or, plus il y a de filaments, plus la viande est dure. Les éleveurs tentent donc de minimiser l'activité de leurs animaux afin que leur viande reste tendre. C'est triste pour les bœufs, mais ceux enfermés dans l'étable seront probablement meilleurs que ceux qui auront folâtré au soleil. Au Moyen Âge, les nobles méprisaient le bœuf, probablement avec raison puisque cet animal de labour devait être assez coriace ! Même aujourd'hui, épaule et croupe de bœuf, des muscles utilisés dans la marche et la station debout, sont assez dures. La viande hachée se fait généralement à partir de ces morceaux ; les hacher permet de les attendrir.

La viande que Sophie a achetée au supermarché n'est pas fraîche au sens où on l'entend pour les légumes. Au contraire, il a fallu la laisser vieillir pour la rendre plus comestible. Après l'abattage d'un animal, en effet, les filaments d'actine et de myosine se lient ensemble à l'intérieur des cellules musculaires et les muscles se crispent : c'est ce qu'on appelle la rigidité cadavérique. On suspend donc les carcasses pour que les muscles s'allongent sous l'effet de la gravité, ce qui diminue la liaison actine-myosine et réduit ainsi la dureté de la viande. Certaines réactions biochimiques se poursuivent à l'intérieur des cellules ; des enzymes attaquent les protéines et affectent la structure des filaments d'actine-myosine. La viande devient lentement plus tendre et plus savoureuse. La maturation de la viande que nous consommons dure ainsi de cinq à sept jours et s'effectue à une température de 1 à 3 °C pour ralentir la croissance des micro-organismes.

Pourquoi Pierre fait-il cuire la viande ? La cuisson tue les micro-organismes mais surtout elle rend la viande plus savoureuse et plus facile à mastiquer et à digérer. La chaleur endommage les membranes cellulaires ; mélangés, les acides aminés, les graisses, les minéraux et les sucres réagissent et forment de nouveaux composés qui améliorent la saveur. Les protéines changent de forme et se lient ensemble et les filaments d'actine et de myosine coagulent ; les fibres musculaires, et donc la viande, se ratatinent. L'eau auparavant liée aux protéines est expulsée. La viande peu cuite, « saignante », est ainsi très juteuse. Toutefois, si on poursuit la cuisson trop longtemps, le liquide s'écoule de plus en plus, les fibres continuent à se solidifier et la viande devient sèche et dure (de la « semelle de botte »).

Si la cuisson rend la viande plus savoureuse, c'est qu'elle induit des réactions de brunissement à la surface de la viande. Ces réactions dites « de Maillard », qui mettent en jeu des acides aminés et des glucides, ne se produisent qu'à des températures dépassant 150 °C. Comme on l'a vu, la viande bouillie ou cuite au four à micro-ondes, dont la température ne dépasse pas 100 °C, brunit peu ou pas du tout et a moins de saveur.

La cuisinière

Pour cuire sa viande, Pierre utilise la cuisinière. Comme le filament de l'ampoule à incandescence, la résistance du grille-pain ou celle de la plinthe électrique, l'élément chauffant de la cuisinière fonctionne grâce à l'effet Joule, c'est-à-dire l'échauffement dû au passage du courant. Les éléments chauffants traditionnels sont constitués d'un fil central entouré d'un isolant en poudre et du tube externe, fait d'un alliage qui ne rouille pas. La présence de l'isolant prévient le choc électrique si l'on touche l'élément alors qu'il commence à chauffer.

Pour contrôler la chaleur, on tourne le bouton de commande dans un sens ou dans l'autre. Le bouton ne modifie pas la valeur du courant qui passe dans l'élément mais le temps durant lequel il passe. Un peu comme le magnétron du four à micro-ondes, un élément fonctionne toujours à puissance maximale, mais le courant passe seulement par intermittence si le bouton de commande n'est pas au réglage maximal. Extérieurement, les arrêts et reprises de courant ne sont pas décelables car l'élément n'a pas le temps de se refroidir beaucoup entre deux injections de courant.

Les commandes des éléments des cuisinières traditionnelles, comme celle qu'utilise Pierre, sont d'une élégante simplicité. Comme certains thermostats, elles comprennent une lame bimétallique dans laquelle passe le courant. Lorsqu'il y a du courant, la différence de dilatation des deux métaux déforme le bilame, ce qui coupe le contact après un certain temps. Le réglage de la commande consiste à éloigner plus ou moins le point de contact d'une extrémité de la lame. À réglage faible, la lame bimétallique n'a pas à se déformer beaucoup pour couper le courant, ce qui fait que les séquences de chauffage sont courtes. Quand le courant ne passe pas, la lame reprend sa forme initiale au bout de quelque temps et le courant recommence à circuler.

Le téflon

La poêle que Pierre utilise est antiadhésive et comporte un fond épais. Comme celui-ci se déforme moins facilement, le contact avec l'élément est meilleur et la conduction de la chaleur, de l'élément à la poêle, est plus efficace. Quant à la surface antiadhésive, elle résulte des propriétés chimiques du téflon®, polytétrafluoroéthylène [$(C_2F_4)_n$] de son nom scientifique, ou PTFE. Le PTFE est un polymère, une longue molécule résultant de l'établissement de liaisons entre des monomères, des molécules plus petites. Pour le téflon, le monomère est le tétrafluoroéthylène, C_2F_4. La formule $(C_2F_4)_n$ signifie que le monomère est répété n fois. Le nombre n varie d'une molécule à l'autre mais est toujours élevé : la molécule est donc un polymère.

Figure 6.2

Structures chimiques de l'éthylène, du tétrafluoroéthylène et du téflon®

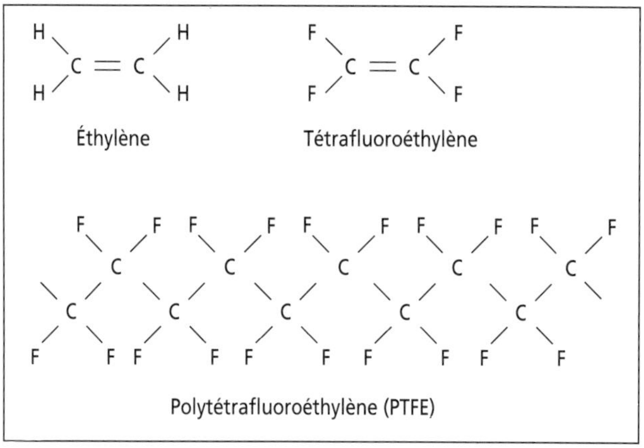

Chaque petite ligne représente une liaison chimique entre les atomes de carbone (C), de fluor (F) ou d'hydrogène (H). Le téflon est un polymère de tétrafluoroéthylène. L'éthylène peut lui aussi polymériser, donnant un plastique (le polyéthylène) utilisé pour les bouteilles, les tuyaux, les sacs et de nombreux autres objets.

Contrairement à la molécule d'eau, le PTFE n'est pas polaire et se lie peu facilement à d'autres molécules, ce qui le rend peu adhésif. Les liaisons C–F sont très fortes ; les atomes de fluor protègent le squelette carboné et rendent le PTFE résistant aux agressions chimiques et à la chaleur. C'est pour ces qualités que le PTFE est utilisé comme revêtement dans les casseroles, mais aussi pour les fils électriques, les roulements à billes ou les joints d'étanchéité. Le ruban blanc qu'on enroule autour des bouts filetés des tuyaux de plomberie, pour éviter les fuites, est en téflon. On fabrique aussi en téflon des vaisseaux sanguins ou des articulations de remplacement : comme il est presque inerte chimiquement, le téflon n'est que rarement rejeté par le système immunitaire. Le fameux Goretex®, dont les pores sont assez larges pour laisser passer l'air et la vapeur d'eau (molécules individuelles) mais trop petits pour admettre des gouttelettes d'eau, est aussi constitué de téflon laminé sur un tissu.

D'une certaine façon, le téflon doit sa découverte à l'existence des réfrigérateurs. Au début du 20e siècle, les réfrigérants utilisés dans ces appareils, l'ammoniac (NH_3), le dioxyde de soufre (SO_2) et le chlorure de méthyle (CH_3Cl), étaient très toxiques. Des familles entières sont mortes dans leur sommeil à cause d'une fuite. Dans les années 1930, la compagnie américaine Du Pont a découvert et mis en marché des réfrigérants presque inertes, peu toxiques et ininflammables : les chlorofluorocarbones (CFC) dont on a parlé plus tôt dans ce chapitre.

En 1938, Roy J. Plunkett, jeune chimiste chez Du Pont, était affecté à la mise au point de nouveaux agents réfrigérants. Un de ses essais a raté : en essayant de préparer du tétrafluoroéthylène, il n'a retrouvé au fond de la bonbonne qu'une poudre blanche, au lieu d'obtenir un gaz comme il s'y attendait. Il aurait pu jeter le tout au rebut, mais, curieux, il a plutôt étudié la substance et découvert qu'elle était très stable, chimiquement inerte, et très glissante. C'était le début du téflon, nom forgé à partir de *tef*, pour tétrafluoroéthylène, et *lon*, suffixe que Du Pont utilise pour nommer certains de ses produits, comme nylon, Orlon, etc.

Oignons et larmes

Pendant que Pierre fait cuire le bœuf haché, Sophie prépare les légumes, en commençant par deux oignons. C'est en les pelant et en les éminçant que les hostilités s'engagent. Dans les cellules de l'oignon endommagées par le couteau, l'allinase, une enzyme, entre en contact avec une substance inodore appelée « précurseur du facteur lacrymogène ».

L'enzyme transforme le précurseur en facteur lacrymogène, un composé volatil de formule[3] $C_2H_5CH{=}SO$, qui est loin d'être inodore, lui. La même enzyme provoque aussi la formation de nombreux autres composés qui contribuent à l'arôme de l'oignon. Quand on fait cuire les oignons, les composés odorants s'évaporent ou se lient à d'autres molécules, ce qui les neutralise. C'est pourquoi l'oignon cuit sent et goûte beaucoup moins que l'oignon cru que l'on mange dans la salade grecque ou avec le saumon fumé.

Pourquoi les oignons font-ils pleurer Sophie ? En se dissolvant dans le liquide qui baigne la cornée, les composés sulfurés volatiles forment de l'acide sulfurique (H_2SO_4), irritant pour l'œil. La cornée est très innervée : alerté par des neurones sensibles à l'acidité, le cerveau active les glandes lacrymales pour diluer les composés irritants.

Air chaud, force d'Archimède et convection

Julie a très faim et profite de ce que ses parents ont le dos tourné pour aller se chercher du fromage dans le réfrigérateur sans demander la permission. Elle ouvre la porte et farfouille dans le tiroir pendant de longs moments pour dénicher son brie favori. Dès que Sophie s'en rend compte, elle lui intime de ne pas laisser la porte du frigo ouverte trop longtemps.

Pourquoi le fait d'ouvrir pendant quelques secondes la porte du réfrigérateur en réchauffe-t-il l'intérieur et fait-il perdre de l'énergie ? Quand la porte est ouverte, l'air froid « s'écoule » du frigo vers le plancher ; Julie s'en est bien rendu compte car elle était pieds nus quand elle a ouvert le réfrigérateur. Pendant ce temps, l'air chaud s'engouffre dans le haut du compartiment puis le remplit. Cette convection résulte du fait que l'air froid est plus dense que l'air chaud. Si l'air avait la même densité quelle que soit sa température, l'ouverture de la porte créerait de petits tourbillons d'air mais pas de mouvements à grande échelle.

Contrairement à l'idée reçue, ce n'est pas la chaleur qui monte mais l'air chaud. En effet, les atomes et les molécules de l'air se déplacent continuellement. Si l'air est chaud, les molécules vont plus vite, frappent plus fort les molécules environnantes et les repoussent un peu. Ainsi, l'air chauffé se dilate et devient moins dense.

3. Le double trait indique une liaison chimique double (mettant en jeu deux paires d'électrons au lieu d'une seule paire, comme pour une liaison simple) entre l'atome de soufre (S) et l'atome de carbone voisin.

En présence d'air plus froid et plus dense, l'air chaud monte grâce à la FORCE D'ARCHIMÈDE, de la même façon qu'un morceau de bois plongé dans l'eau remonte. Parallèlement, de l'air froid en présence d'air chaud descend, comme un morceau de fer coule dans l'eau, parce que la force d'Archimède est plus faible que son poids. La force d'Archimède est liée à l'existence de la gravité qui, comme on l'a vu au chapitre 3, fait que la pression de l'air est plus grande près du sol (figure 6.3). Sans gravité, il n'y aurait plus de différences de pression, plus de force d'Archimède et plus de convection de l'air.

Figure 6.3
Force d'Archimède dans l'air

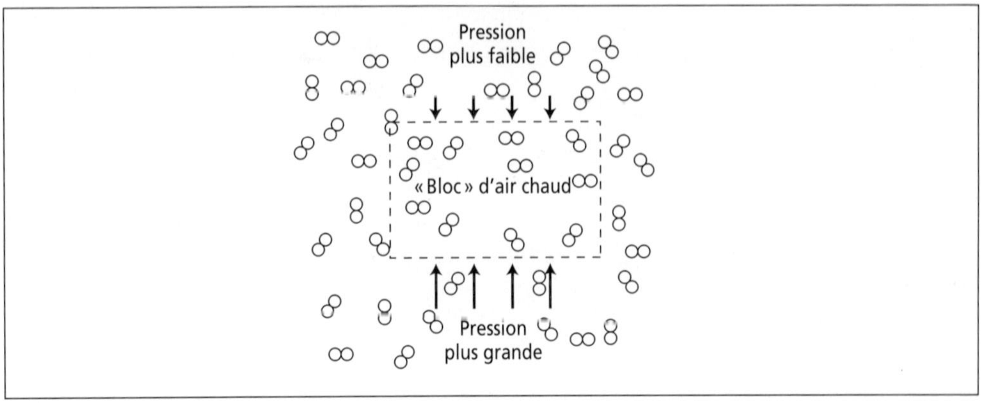

Un amas d'air est soumis à une pression vers le haut plus forte que la pression dirigée vers le bas, à cause de la variation de pression selon l'altitude due à la gravité. La différence de pression engendre ce qu'on appelle la force d'Archimède, dirigée vers le haut. Si l'amas d'air est chaud et peu dense, son poids est inférieur à la force d'Archimède et l'air monte.

Des mesures ont montré qu'ouvrir la porte d'un réfrigérateur une minute par heure n'augmente la consommation énergétique du réfrigérateur que d'environ 12 %. Sans ouverture de la porte, le moteur d'un réfrigérateur fonctionne environ 40 % du temps. En ouvrant la porte une minute par heure, le moteur fonctionne donc environ 3 minutes[4] de plus que si la porte n'était pas ouverte.

La majeure partie de l'énergie consommée par le réfrigérateur sert à évacuer la chaleur qui entre constamment par les parois, souvent mal isolées, ou par les bourrelets d'étanchéité des portes, souvent déformés. C'est l'isolation des parois et l'efficacité du moteur et du compresseur qu'il faut améliorer pour augmenter le rendement énergétique des frigos. Les anciens appareils (ceux d'il y a 50 ans, par exemple), parce qu'ils étaient mieux isolés et équipés de meilleurs moteurs, étaient souvent plus efficaces que les réfrigérateurs modernes.

4. Si la porte n'est pas ouverte, le moteur fonctionne environ 24 minutes sur 60, soit 40 %. L'ouverture augmente la durée de fonctionnement de 12 %, soit 0,12 × 24 minutes = 2,9 minutes.

Le sel de table

Alors que la viande finit de cuire, Pierre y ajoute du sel. Ce n'est pas un caprice : des études ont montré que le sel, en plus de son goût, a un effet prononcé sur la saveur générale des aliments. Le sel semble réduire les goûts désagréables, comme l'amertume, et ainsi met davantage en évidence les saveurs agréables. Mais on ne comprend pas encore comment cela se fait.

Le sel de table est du chlorure de sodium (NaCl) auquel on a ajouté plusieurs additifs, comme le révèle la liste des ingrédients d'une boîte de sel. L'additif le plus connu est l'iode, généralement sous forme d'iodure de potassium. Son inclusion vise à prévenir le goitre, un dysfonctionnement de la glande thyroïde causé par l'insuffisance d'iode dans l'alimentation. Les hormones thyroïdiennes, qui contrôlent le métabolisme, contiennent en effet de l'iode.

D'autres additifs, thiosulfate de sodium ou dextrose, et des substances appelées BASES[5], comme le bicarbonate de sodium, l'hydroxyde de calcium ou le carbonate de sodium, sont ajoutés pour stabiliser l'ion iodure. Sans eux, l'iodure s'oxyde dans l'air humide et forme de l'iode gazeux, qui s'échappe. Le dextrose est un sucre mais il se trouve dans le sel en quantité si faible qu'il n'est pas perceptible au goût.

L'atome de sodium du sel porte une charge positive et l'atome de chlore, une charge négative. Ces ions positifs et négatifs s'attirent entre eux, ce qui assure l'existence du sel, mais ils se lient aussi facilement avec les molécules d'eau polaires. La surface des petits cristaux de sel absorbe donc l'humidité atmosphérique et se dissout plus ou moins. Quand deux surfaces sont presque en contact, les cristaux fusionnent lentement. C'est pourquoi le sel nature prend en pain. Pour éviter cela, on ajoute au sel un dessiccatif, qui absorbe l'humidité davantage que le sel. Ce peut être du silicate de calcium, du carbonate de magnésium, du carbonate de calcium (le constituant de la craie), etc. Le dessiccatif est ajouté au sel sous la forme d'une poudre très fine qui recouvre les cristaux de sel. Évidemment, aucun de ces additifs n'est toxique !

Pommes de terre et alcaloïdes

Sophie épluche maintenant des pommes de terre et quelques carottes. Celles-ci, comme tout légume cueilli, sont toujours vivantes. Les légumes respirent, utilisant

5. Les bases sont des substances fournissant des ions hydroxyde, OH^- (plus généralement, les bases fournissent une paire d'électrons permettant d'établir une liaison chimique avec un acide, ou accepteur d'électrons). Une base réagit avec un acide, qui libère un ion hydrogène, H^+, ce qui génère de l'eau (H_2O) et un sel. Par exemple, l'hydroxyde de sodium, NaOH, réagit avec l'acide chlorhydrique, HCl ; le réarrangement des liaisons donne du sel, NaCl, et de l'eau.

l'oxygène de l'air pour dégrader des glucides, ce qui fournit l'énergie nécessaire à divers processus cellulaires. Après la cueillette, toutefois, la photosynthèse n'apporte plus de nouveaux nutriments et un processus de sénescence s'amorce. Des enzymes nouvellement synthétisées dégradent les protéines et les lipides, principalement concentrés dans les membranes cellulaires. Dans le maïs et les pois, la concentration de sucres diminue particulièrement vite après la cueillette car une partie des sucres est convertie en amidon. C'est donc vrai qu'il vaut mieux manger du maïs « cassé du matin ».

Les pommes de terre sont un peu vertes sous la pelure et Sophie prend soin d'enlever la couche verdâtre au couteau. La couleur verte provient de la chlorophylle que les pommes de terre ont synthétisée parce qu'elles ont été exposées à la lumière durant leur entreposage. Ceci les rend suspectes, car la lumière (comme la chaleur ou le vieillessement) induit aussi dans les pommes de terre la synthèse de substances toxiques, les alcaloïdes. Les alcaloïdes contiennent de l'azote produit par les végétaux et engendrent des effets physiologiques notables chez les animaux et les humains. La morphine, la cocaïne, la caféine et la nicotine sont des alcaloïdes – mais cela ne veut pas dire qu'il suffit de manger des pommes de terre verdies pour planer !

Les alcaloïdes des pommes de terre ont un goût amer et poivré et résistent à la cuisson. Normalement, une pomme de terre en contient entre 2 et 7 milligrammes par 100 grammes. Pour une pomme de terre verdie ou germée, ce taux peut atteindre 20 milligrammes par 100 grammes. Comme les alcaloïdes se concentrent en surface, il suffit d'enlever une couche de pelure assez épaisse (un à deux millimètres) pour éviter tout risque d'empoisonnement.

Peler une pomme de terre ou une carotte fait perdre une partie appréciable du légume : plus de 15 % si l'on pèle avec un couteau, selon des études expérimentales. Avec un éplucheur, qui s'enfonce moins dans la chair du légume, on réduit cette proportion à 10-12 %.

La cuisson dans l'eau

Sophie met de l'eau puis du sel dans un grand chaudron qu'elle dépose sur le feu. Contrairement à ce qu'on entend parfois, l'ajout de sel dans une recette sert rarement à accroître la température d'ébullition. Il est vrai que le sel augmente (très légèrement) cette température et que cela accélère la cuisson : la vitesse des réactions chimiques associées à la cuisson double pour une augmentation de 10 à 15 °C. C'est le principe de fonctionnement de l'autocuiseur (cocotte-minute) : à l'intérieur, la pression atteint normalement 200 kilopascals (2 fois la pression atmosphérique), ce qui correspond à une température d'ébullition de 120 °C pour l'eau et permet une cuisson plus de deux fois plus rapide.

Le sel élève la température d'ébullition parce que la présence d'ions sodium et chlorure dissous dans l'eau fait qu'il y a moins de molécules d'eau à la surface, ce qui en rend l'évaporation plus difficile. Il faut donc chauffer l'eau davantage pour qu'elle bouille. Mais l'effet du sel est mineur si on n'en ajoute qu'une pincée. Même avec de l'eau aussi salée que l'eau de mer, qui contient 3 % de sel, soit environ 20 millilitres de sel par litre d'eau[6], la température d'ébullition ne passera que de 100 °C à 100,6 °C. La cuisson prend quelques secondes de moins, une durée inférieure de toute façon à la marge d'incertitude que Sophie s'accorde pour des pommes de terre *al dente*. Elle a donc mis du sel dans l'eau simplement parce que, comme on l'a dit plus haut, cela améliore le goût des aliments.

En bonne scientifique, Sophie prend aussi soin de mettre un couvercle sur le chaudron. La température de l'eau grimpera ainsi plus rapidement. En effet, les molécules d'eau dans la casserole n'ont pas toute la même énergie. Même si la température n'atteint pas encore 100 °C, certaines molécules sont suffisamment énergétiques pour quitter la surface du liquide et s'évaporer dans l'air. L'énergie moyenne des molécules restantes est alors moins grande que si toutes les molécules étaient restées dans la casserole. Sans couvercle, il faut donc fournir plus d'énergie pour atteindre 100 °C. Avec un couvercle, on empêche la fuite des molécules les plus énergétiques et on atteint le point d'ébullition plus rapidement.

Pendant que l'eau se réchauffe, Pierre coupe les légumes et les pommes de terre en morceaux. Mais pourquoi ne pas les cuire entiers ? C'est encore une question de rapport surface-volume. Proportionnellement à son volume, un petit morceau a une plus grande surface. Comme le transfert de chaleur de l'eau à un morceau de carotte ou de pomme de terre dépend de la surface de contact avec l'eau, les petits morceaux cuiront plus vite. Il y a un inconvénient, toutefois : avec une plus grande surface totale, la dissolution dans l'eau de cuisson des vitamines et autres nutriments augmente aussi.

Pour couper les légumes, Pierre doit cependant dépenser de l'énergie. En effet, couper revient à séparer des atomes et des molécules, à éliminer des liaisons chimiques, ce qui nécessite de l'énergie. De la même façon, quand on vaporise de l'eau en la faisant bouillir, on doit fournir de l'énergie pour éliminer les liaisons (liaisons hydrogène) entre les molécules d'eau.

6. Pour obtenir une concentration de 3 % de sel, il faut environ 30 grammes de sel par litre d'eau. La densité du chlorure de sodium est de 2,17 g/cm^3, mais le sel en cristaux, dont les interstices contiennent de l'air, a une densité de quelque 1,4 g/cm^3. Il faut donc environ 21 cm^3 ou 21 ml de sel, soit un peu moins de 1,5 cuillerée à soupe.

L'eau commençant justement à bouillir, Pierre dépose les légumes dans le chaudron. Les cellules végétales des carottes sont entourées d'une paroi rigide, poreuse, constituée de longues molécules de cellulose ainsi que d'hémicelluloses et de pectines. Pendant la cuisson, les hémicelluloses et les pectines sont affectées par la chaleur et se dissolvent en partie (la cuisson altère peu la cellulose), ce qui amollit les parois cellulaires et attendrit le légume.

La chaleur dénature aussi les protéines, dont celles faisant partie de la membrane cellulaire. Les protéines changent de forme et la membrane ne joue plus son rôle de régulation des mouvements d'eau entre l'intérieur et l'extérieur des cellules. Souvent, l'eau s'échappe des cellules et les légumes se ratatinent légèrement (on ne peut pas généraliser car cela varie selon le type de légume et la méthode de cuisson). C'est encore plus évident pour des légumes que l'on met à cuire au micro-ondes sans eau dans le plat : à la fin de la cuisson, on retrouve de l'eau au fond du plat.

Les pommes de terre, elles, absorbent un peu d'eau quand elles sont bouillies parce qu'elles contiennent de l'amidon (environ 20 %). Les molécules d'eau se lient à l'amidon. Autour de 60 °C, comme on l'a vu pour la cuisson du pain, les grains d'amidon se gélifient en surface, gonflent et s'amollissent. Les pommes de terre deviennent tendres.

Les légumineuses

Pendant que les légumes cuisent, Pierre chauffe les oignons puis les incorpore à la viande hachée. Il ajoute ensuite au mélange de la pâte de tomates et une boîte de lentilles. Celles-ci contiennent près de 20 % de protéines, autant que la viande. Les végétariens n'ont rien inventé : selon l'Ancien Testament, Ésaü, le frère aîné de Jacob, a troqué son droit d'aînesse contre un plat de lentilles. Des milliers d'années plus tard, les morceaux de verre façonnés pour aider les vues défaillantes ont pris le nom de lentilles à cause de la similitude entre leur forme et celle de ces légumineuses.

Les lentilles présentent cependant un inconvénient. Elles contiennent des sucres plus complexes que le sucre de table, comme le raffinose. Non décomposés par les enzymes de l'intestin grêle, ces sucres passent dans le gros intestin, où des bactéries les digèrent et libèrent de l'hydrogène, du dioxyde de carbone, du méthane et, en faible quantité, quelques gaz odorants. Saint Augustin (4e-5e siècle) voyait la flatulence comme un signe de la chute de l'homme après son passage dans l'Éden. À la même époque, saint Jérôme interdisait aux religieuses la consommation de légumineuses, dont les lentilles, sous prétexte qu'elles excitent les parties génitales. Les végétariens seraient-ils des hédonistes ?

Pierre dispose ensuite son mélange au fond d'un grand plat allant au four et étend du maïs à la surface. Quelques minutes plus tard, Sophie a pilé les pommes de terre et les carottes, et cette purée constitue le troisième étage d'un plat québécois bizarrement appelé « pâté chinois ». Sophie parsème la surface de copeaux de fromage et enfourne le tout.

Pierre et Sophie croient avoir enfin quelques minutes pour se délasser. Rachel, voyant Sophie disponible, se dépêche de venir la rejoindre pour s'asseoir sur les genoux de sa mère, une marque d'affection fort appréciée de celle-ci. Pierre s'en amuse mais, au moment où il s'empare du journal, Sophie lui rappelle qu'il faudrait vider et nettoyer les sacs à lunch des enfants. Et voilà pour la détente !

À la soupe !

Pendant que le pâté chinois finit de chauffer, Pierre prépare une soupe à partir d'une préparation en sachet et Sophie demande trois fois aux enfants d'éteindre le téléviseur. Une fois tout le monde installé à table, Pierre apporte les bols de soupe du comptoir à la table. Malgré tout le soin qu'il y met, la soupe va et vient dans les bols et risque de déborder.

Marche et mouvement

Pourquoi Pierre a-t-il tant de difficulté à empêcher la soupe d'osciller ? C'est qu'il ne marche pas à vitesse constante. Cela est normal : étant donné le mouvement alternatif des deux jambes, la marche est saccadée, au contraire d'un mouvement continu comme la rotation des roues d'un véhicule. Au mouvement vers l'avant se superpose un mouvement pendulaire du corps. Quand un pied entre en contact avec le sol en avant, il ralentit le reste du corps. Selon la première loi de Newton (chapitre 3), le liquide dans le bol tend à continuer à se déplacer vers l'avant et peut déborder, à moins que Pierre ne marche lentement ou n'atténue les oscillations en compensant avec ses bras.

Marcher est une activité extrêmement compliquée et met à contribution les muscles des pieds, des jambes et de la région lombaire (des bras aussi, mais accessoirement) ainsi que toutes les articulations de ces régions. Pendant le contact d'un pied avec le sol, les angles de flexion des articulations varient continuellement. Au moment où il touche le sol, le pied fait avec la cheville un angle d'environ 80° ; cela assure que la talon touche le sol le premier, avant les orteils. Au fur et à mesure que le corps avance, le pied entier fait contact avec le sol puis le talon s'élève. L'angle que fait le pied avec la cheville augmente ainsi jusqu'à 90° puis, pendant que le genou avance au-dessus du pied, baisse à 70°, avant de remonter à 105°, juste avant que les orteils ne quittent le sol.

Au moment où un talon fait contact, le sol le ralentit en exerçant une force verticale égale à environ 120 % du poids du corps ainsi qu'une force horizontale équivalant à 20 % du poids du corps, dirigée vers l'arrière. La force verticale diminue et passe à 80 % du poids du corps pendant que le pied est au sol, au milieu d'une phase de contact, puis remonte à 120 % quand le talon quitte le sol et que la jambe et le corps accélèrent et remontent. Ces données d'études scientifiques sur la marche n'ont heureusement pas à être enseignées aux bambins qui apprennent à marcher !

Non seulement le corps avance, mais il bouge aussi verticalement, d'environ 5 centimètres à chaque pas pour un adulte. Le centre de gravité du tronc suit une courbe plus ou moins sinusoïdale. Il y a aussi un mouvement latéral, également d'environ 5 centimètres. De plus, à chaque pas, le bassin tourne de quelques degrés vers l'avant autour du fémur de la jambe portante, ce qui permet d'augmenter la longueur du pas. Cette oscillation est toutefois amplifiée si le bassin est large, ce qui rend la marche et la course moins efficaces. Alors que les filles impubères marchent et courent aussi vite que les garçons, l'élargissement de leur bassin durant la puberté fait qu'en moyenne les femmes courent ensuite moins vite que les hommes.

Olives et fermentation

Les espoirs des enfants ont été déçus : Pierre n'a pas échappé leur soupe. Ils se résignent donc à devoir la manger et vident rapidement leur bol, tout en parlant avec leurs parents de ce qui s'est passé à l'école ou à la garderie. Pendant qu'ensuite Sophie extrait le pâté chinois du four et remplit les assiettes, Pierre sort un pot d'olives et une bouteille de vin.

Contrairement à la majorité des fruits, les olives ne mûrissent pas après la cueillette. Quand elles sont cueillies, les olives vertes sont dures. Si on laisse les olives plus longtemps sur l'arbre, comme pour les Kalamata grecques, elles deviennent d'un vert brunâtre avant de passer au pourpre puis au noir.

Les olives sont des aliments fermentés par des micro-organismes, tout comme les cornichons, la choucroute, le yaourt et le fromage ainsi que le vin et la bière. Certaines bactéries naturellement présentes à la surface des olives se multiplient si on leur en donne l'occasion. On fait ainsi fermenter les olives grecques ou italiennes dans une saumure contenant 8 % de sel : celui-ci inhibe le développement de plusieurs types de bactéries, mais pas des bactéries lactiques. Ces dernières se nourrissent de sucres et produisent de l'acide lactique ($CH_3CHOHCOOH$) et de l'acide acétique (CH_3COOH), constituant du vinaigre. Après environ un mois de fermentation, la solution contient 0,8 % d'acide lactique. Le pH, mesure de l'acidité, est de 3,3, ce qui signifie que la saumure de fermentation est presque aussi acide que du vinaigre.

Les olives espagnoles, elles, sont trempées avant la fermentation dans une solution d'hydroxyde de sodium (NaOH), une base qui est le constituant principal des produits ménagers servant à déboucher les renvois (Drano™, Liquid PlumR®, etc.). Ce procédé permet d'éliminer la majeure partie de l'oléuropéine, un composé qui a une saveur amère. Les olives sont ensuite rincées dans l'eau, puis fermentées plusieurs semaines dans une solution de sel, comme les olives grecques.

Pour la consommation, les fabricants enlèvent la saumure de fermentation, lavent les olives et les empaquettent dans une nouvelle saumure, plus claire, contenant la même quantité d'acide lactique que la saumure de fermentation. C'est pourquoi la liste des ingrédients, sur les pots, indique « eau, sel, acide lactique » après « olives ». On ajoute aussi du sorbate de potassium, un composé qui existe naturellement dans quelques fruits et qui élimine efficacement les levures et les moisissures. Le sorbate de potassium est utile une fois le pot ouvert, quand l'air contenant des moisissures entre en contact avec le contenu du pot.

L'ouverture des pots

Comme le pot d'olives est neuf, le couvercle est difficile à ouvrir. Pierre utilise la méthode « scientifique », la moins fatigante. Il fait couler de l'eau chaude sur le couvercle quelques instants, ce qui lui permet ensuite de dévisser le couvercle sans trop d'effort. Cela est dû à la dilatation du matériau du couvercle par suite de l'augmentation de la température, phénomène qu'on a déjà rencontré dans le cas des thermomètres, des lames bimétalliques et même de l'air.

Mais si le couvercle se dilate dans tous les sens, l'intérieur du couvercle ne se collera-t-il pas davantage au rebord du pot ? Non. Une façon de comprendre ce qui se passe est de considérer le bord vertical du couvercle comme un anneau. Déplions l'anneau pour former un petit barreau. Chauffé, le barreau devient plus épais, mais aussi plus long. En lui redonnant sa forme circulaire, il apparaît clairement que la circonférence intérieure est devenue plus grande qu'avant le chauffage. Le contact entre le couvercle et le verre, et le frottement, sont donc réduits. Évidemment, ça ne fonctionne que si le couvercle se dilate plus que le verre, ce qui est le cas surtout parce que la chaleur prend plus de temps pour parvenir au verre. Et puis, même à augmentation de température égale, le métal ou le plastique constituant le couvercle se dilatent davantage que le verre.

Jadis, les forgerons utilisaient le même principe pour poser des jantes de fer sur des roues en bois. Il suffisait de prendre une jante initialement un peu plus petite que la roue, de la chauffer et de l'installer une fois dilatée. En refroidissant, la jante se contractait et se plaquait contre la roue.

Vin et alcool

Après le pot (d'olives), les fleurs... ou plutôt le bouquet, celui du vin. Pierre et Sophie se sont entendus pour une bouteille de rouge, qu'ils avaient mise à rafraîchir au réfrigérateur. La température du vin est une question de préférence mais en général la plupart des gens préfèrent boire les vins blancs servis entre 8 et 10 °C et les vins rouges autour de 18 °C. Les vins blancs gagnent à être servis frais parce qu'ainsi leur acidité, comme pour le jus de pamplemousse, paraît moins marquée.

Qu'est-ce qui donne au vin sa couleur ? Pour obtenir du vin blanc, les raisins sont pressés et le jus, ou moût, séparé des pépins et de la pellicule des raisins, est immédiatement mis à fermenter. On peut donc obtenir des vins blancs à partir de raisins rouges, bien que les vins blancs proviennent généralement de raisins « blancs ». Pour les vins rouges, on fait macérer pendant plusieurs jours les parties solides du raisin dans le moût. Ce procédé permet d'extraire des parties solides divers composés volatils et des pigments, les anthocyanes, qui confèrent au vin rouge son arôme et sa couleur. On obtient les rosés en écourtant la macération à moins d'une journée.

C'est la fermentation produite par les levures, micro-organismes présents initialement à la surface des raisins ou introduits par le vinificateur, qui donne le vin. Le moût contient environ 200 grammes par litre de certains sucres naturels, comme le glucose et le fructose, dont les levures se régalent. Après une série complexe de réactions, celles-ci rejettent du gaz carbonique (CO_2). Les levures produisent 80 grammes, soit plus de 40 litres, de CO_2 par litre de vin. Tous les vins traversent ainsi une période durant laquelle ils sont mousseux.

Pour notre plus grand plaisir, les levures produisent aussi de l'alcool éthylique, ou éthanol (C_2H_5OH). En chimie, les alcools se caractérisent par la présence d'une chaîne d'atomes de carbone liés entre eux et à des atomes d'hydrogène par des liaisons simples; un ou des atomes de carbone comportent un groupement OH au lieu d'un atome d'hydrogène (figure 7.1). Le méthanol, CH_3OH, est un alcool que l'on utilise comme combustible pour les poêles à fondue ou certains poêles de camping (dans le commerce, on le retrouve souvent sous les noms « alcool méthylique » ou « hydrate de méthyle »). Comme tous les alcools, le méthanol est toxique: quelques dizaines de millilitres (quelques cuillerées à soupe) peuvent causer la cécité ou même la mort. L'éthanol est moins toxique, mais boire rapidement un litre d'une liqueur forte, qui contient 40 % d'éthanol, peut tuer la plupart des gens.

Figure 7.1
Structure de quelques composés organiques

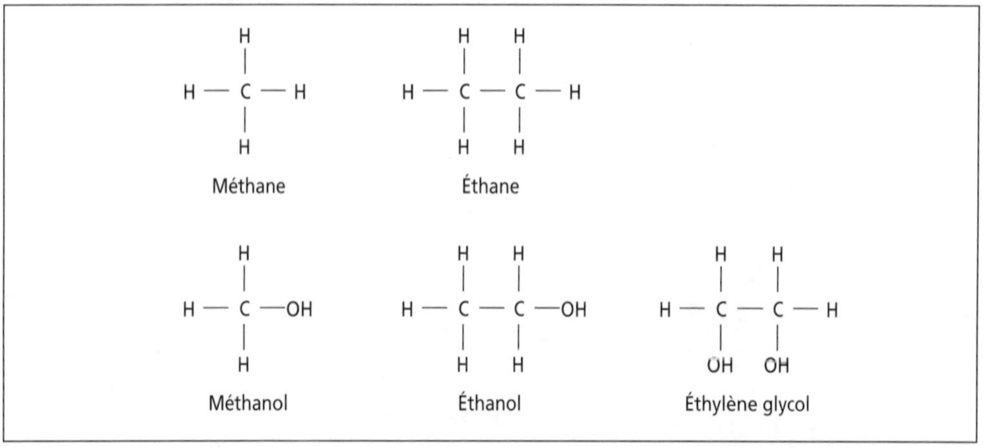

Le méthanol est un alcool : il diffère du méthane, principal constituant du gaz naturel, par la substitution d'un atome d'hydrogène par un groupement OH. L'éthanol, C_2H_5OH, est l'alcool des boissons alcooliques. L'éthylène glycol, un autre alcool important, comporte deux groupements OH et est utilisé comme antigel et dans la fabrication du polyester.

Tire-bouchon et levier

Pierre ouvre la bouteille de vin au moyen d'un tire-bouchon, qui est en fait un levier (figure 7.2). La distance entre le pivot et l'endroit où Pierre tire, la poignée du tire-bouchon, est plus grande que la distance entre le pivot et l'endroit où il y a résistance, le bouchon. La force exercée sur le bouchon, qui contrebalance la résistance, est alors plus grande que la force qu'exerce Pierre.

Pierre verse le vin dans deux verres à vin, à une hauteur égale à seulement le tiers du verre. De cette façon, il y a plus d'espace dans le verre pour les composés volatils du vin, qui se perdent moins vite dans l'air. Un verre relativement haut et resserré au sommet concentre mieux les odeurs. Les chercheurs qui se sont intéressés à la question de la forme des verres ont découvert que le type de verre influence la perception que l'on a d'un vin. Dans deux verres différents, le même vin ne goûte pas tout à fait la même chose.

Sophie s'assoit, prend un verre et renifle le vin par petits coups pour en sentir l'odeur. Les molécules volatiles du vin, qui contient plus de 600 composés différents, s'engouffrent dans son nez et atteignent ses 10 millions de cellules olfactives, au sommet des fosses nasales. Elle prend ensuite une gorgée, aspire de l'air puis expire par le nez pour apprécier l'arôme. Le vin est un peu trop boisé, avec des notes de petits fruits au nez.

Figure 7.2
Différents genres de leviers

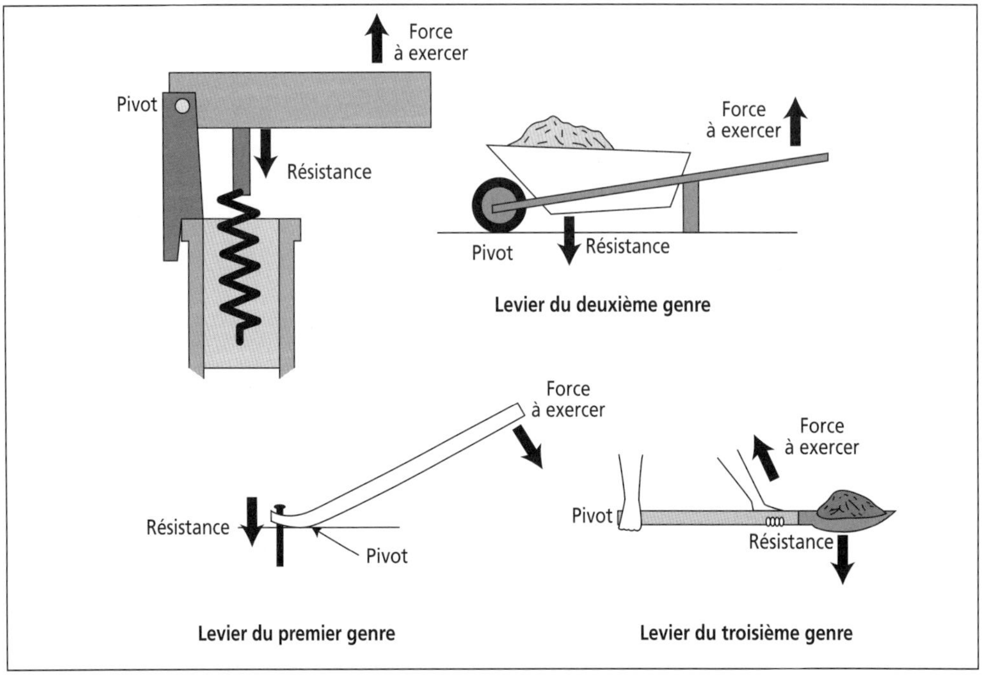

Le tire-bouchon est un levier dit du deuxième genre, tout comme la brouette, le décapsuleur ou le casse-noix. La résistance se trouve entre le pivot et l'endroit où l'on exerce une force. Toutes les flèches indiquent le sens des forces exercées sur le levier. La vis du tire-bouchon s'oppose au mouvement du manche ; en contrepartie, le manche tire sur la vis (action-réaction).

Il existe des leviers du premier genre, comme le pied-de-biche (arrache-clou), la pince ou les ciseaux, où le pivot se trouve entre la résistance et la force exercée. Pour le troisième genre comme pour le deuxième, le pivot est à l'extrémité du levier, mais les positions de la résistance et de la force à exercer sont inversées. Une pelle ou une pince à épiler sont des exemples de leviers du troisième genre.

Les boissons gazeuses

C'est plutôt la moutarde qui monte aux nez d'Antoine, de Julie et de Rachel. C'est pas juste ! Leurs parents prennent du vin et eux n'ont rien. Quelques tirades sur les droits et libertés de la personne convainquent Pierre et Sophie de leur laisser boire un verre de boisson gazeuse pour avoir la paix. Tout content, Antoine sort une bouteille d'orangeade, qu'il partage avec Julie et Rachel. Effectivement, les boissons gazeuses sont un aliment tellement vital que durant la Seconde Guerre mondiale, elles ont été déclarées « essentielles pour le moral des troupes » par le ministère américain de la Guerre. Aujourd'hui, les Américains boivent plus d'un milliard de litres de boissons gazeuses par semaine, soit en moyenne plus de trois litres par personne !

Dès qu'Antoine retire le bouchon, pchit ! Des bulles constituées de gaz carbonique (CO_2) apparaissent dans le liquide et se mettent à monter. Comme on l'a vu au chapitre 3, le CO_2 est le principal responsable de l'effet de serre dans l'atmosphère terrestre… mais ce n'est pas à cause des boissons gazeuses.

Dans une bouteille de boisson gazeuse venant du réfrigérateur, donc se trouvant à une température de 4 °C, la pression du CO_2 vaut environ trois bars (300 kilopascals). Une partie du gaz se trouve sous le bouchon, mêlé à un peu de vapeur d'eau ; le reste est dissous dans le liquide. Si on laisse la bouteille fermée à la température de la pièce, la pression augmente car le CO_2, comme tous les gaz, est moins soluble à haute température. À 20 °C, la pression peut atteindre le double de celle à 4 °C.

Comment met-on le CO_2 dans une boisson gazeuse ? Dans un grand réservoir pressurisé, où le CO_2 se trouve à la pression désirée, la boisson coule le long de grandes plaques. La grande surface de liquide exposée accélère la dissolution du gaz. La boisson gazéifiée est ensuite embouteillée immédiatement.

Quand Antoine a enlevé le bouchon, la pression au sommet de la bouteille est immédiatement tombée à environ un bar (101 kilopascals), la pression extérieure. La poche de gaz du haut s'est ruée vers l'extérieur et a pris de l'expansion. Ce faisant, le gaz s'est refroidi, comme tout gaz en expansion (voir le début du chapitre 6). En regardant bien, Antoine aurait pu distinguer une petite brume éphémère au-dessus du goulot de la bouteille, résultat de la condensation de la vapeur d'eau présente dans le col de la bouteille et à l'extérieur. Après sa sortie, le gaz carbonique s'écoule vers le plancher, car il est 50 % plus dense que l'air.

Pourquoi Antoine ne voyait-il pas de bulles dans la bouteille avant l'ouverture ? Parce que le CO_2 était dissous dans le liquide. Selon la loi de Henry, la solubilité d'un gaz est proportionnelle à la pression. En ouvrant, Antoine a abaissé la pression. La boisson gazeuse est devenue sursaturée de gaz carbonique, c'est-à-dire qu'elle contenait plus de CO_2 qu'elle ne pouvait en dissoudre. Le CO_2 de la bouteille tend alors à rétablir l'équilibre avec le CO_2 de l'atmosphère, qui se trouve à une pression partielle d'environ 0,0004 bar. Ainsi, les molécules de gaz tendent à sortir du liquide et des bulles se forment.

L'évacuation du CO_2 n'est pas instantanée car les bulles ne naissent pas spontanément. Pour qu'une bulle se forme dans un liquide, il faut une pression locale très grande ou l'existence de « sites de nucléation ». Ces sites, des cavités minuscules dans les parois des contenants ou des impuretés dans le liquide, piègent et retiennent les molécules de gaz et favorisent la formation de bulles.

Quand Antoine secoue malicieusement une bouteille de boisson gazeuse avant de l'offrir à un copain, il augmente le nombre de sites de nucléation. Une augmentation de pression n'est pas en cause : la pression ne change pas lors du brassage, à moins d'agiter si longtemps que la température du liquide grimpe. Mais en secouant la bouteille, on mélange au liquide le gaz présent dans le goulot, créant de petites bulles qui pourront grossir, et on engendre de minuscules tourbillons dans le liquide. Dans ces tourbillons, la pression est réduite : les molécules de gaz carbonique y sortent plus facilement du liquide et des microbulles se forment. Quand la pression chute lors de l'ouverture, toutes ces bulles prennent instantanément de l'expansion et poussent sur le liquide, qui jaillit de la bouteille.

Une boisson gazeuse contient du CO_2 et quelques autres additifs, principalement (entre 7 et 14 %) du sucre (on utilise souvent un mélange de glucose et de fructose obtenu à partir du sucre de table). On y retrouve souvent des acides, par exemple les acides citrique et phosphorique, de la caféine, une saveur naturelle (épices, huiles essentielles) ou artificielle et un colorant. Une canette de coca-cola contient environ 40 milligrammes de caféine, ce qui est trois fois moins qu'une tasse de café. Chaque année, aux États-Unis seulement, on ajoute plus de 1 000 tonnes de caféine aux cocas.

Les cocas contiennent de l'acide phosphorique (H_3PO_4), une molécule qu'on retrouve aussi, liée à d'autres, dans l'ADN constituant notre matériel génétique. Les acides phosphorique et citrique améliorent le goût et facilitent la conservation. Certains produits nettoyants servant à enlever le tartre, le calcaire et la rouille, comme le CLR™, contiennent des acides, dont l'acide phosphorique, qui s'attaquent au calcaire ($CaCO_3$). Ces acides dissolvent aussi les oxydes, en particulier la rouille (oxyde de fer). C'est pourquoi certaines personnes, pour nettoyer des métaux oxydés, comme le laiton, utilisent le coca !

Les larmes du vin

Antoine, Julie et Rachel font maintenant honneur au pâté chinois, un de leurs mets préférés. Sophie et Pierre savourent tranquillement le début du week-end ainsi que leur vin. En observant attentivement son verre, Sophie remarque un phénomène émouvant : le vin pleure. Sur les parois, au-dessus de la surface du vin, apparaissent des gouttelettes, les « larmes du vin ».

Figure 7.3
Les larmes du vin

Bien que le vin soit un liquide magique, ce n'est pas pour ça qu'il monte. Il s'élève le long de la paroi du verre à cause des forces d'attraction existant, d'une part, entre les molécules d'eau et les atomes d'oxygène faisant partie du verre et, d'autre part, entre les molécules d'eau elles-mêmes (c'est ce qu'on appelle la TENSION SUPERFICIELLE). L'éthanol, très volatil, s'évapore facilement de la mince couche de vin sur la paroi. Avec moins d'alcool, les molécules d'eau s'attirent davantage et la tension superficielle du liquide s'accroît, ce qui attire plus de vin sur la paroi.

L'alcool continue à s'évaporer et le vin, à monter. Quand les gouttelettes deviennent trop grosses, la gravité l'emporte sur l'attraction eau-verre et les gouttelettes glissent vers le bas. Si on couvre le verre, l'alcool ne peut plus s'évaporer (l'air dans le verre devient vite saturé d'alcool) et les larmes cessent de se former.

Huiles, graisses et margarine

Après avoir mangé son pâté chinois, Antoine a encore faim. Il prend du pain et y étend de la margarine. La margarine ordinaire contient environ 80 % de corps gras, le reste étant composé d'eau, de sel et de divers additifs. Les corps gras utilisés sont des huiles végétales liquides.

Huiles et graisses sont constituées de triglycérides. Un glycéride se forme lorsque du glycérol, ou glycérine, un alcool comportant trois groupes OH, réagit avec un ou des acides gras. Un acide gras est une molécule constituée d'une chaîne d'atomes de carbone et d'hydrogène se terminant par un groupe COOH.

L'association d'un seul des groupements OH du glycérol avec un acide gras forme un monoglycéride. Quand des acides gras sont associés aux trois OH, on obtient un triglycéride. Le symbole « R » (figure 7.4) fait référence à la chaîne (le « radical ») d'atomes de carbone et d'hydrogène liée au groupe COOH des acides gras. Un triglycéride contient généralement plus d'un type de radical.

Figure 7.4
Glycérol, acides gras et triglycérides

CH_2-OH	$CH_3-(CH_2)_{16}-COOH$	$CH_2-OOC-R$
|	(acide stéarique)	|
$CH-OH$	$CH_3-(CH_2)_7-CH{=}CH-(CH_2)_7-COOH$	$CH-OOC-R'$
|	(acide oléique)	|
CH_2-OH		$CH_2-OOC-R''$
Glycérol	Exemples d'acides gras (R – COOH)	Triglycéride

Un triglycéride se forme quand les trois groupements OH du glycérol réagissent avec des acides gras. L'acide stéarique est saturé, l'acide oléique est monoinsaturé. Les symboles R, R′ et R″ représentent des chaînes d'atomes de carbone et d'hydrogène.

Pourquoi la nature fabrique-t-elle des graisses ou des huiles ? C'est que ces substances permettent de stocker de l'énergie avec un minimum de poids : elles fournissent plus de deux fois l'énergie contenue dans un même poids de glucides ou de protéines. Cela permet aux graines ou aux animaux d'être plus légers. Les graines végétales contiennent de bonnes quantités de triglycérides (et aussi d'amidon) parce qu'elles doivent fournir de l'énergie et des nutriments aux futures plantes jusqu'à ce que celles-ci soient autosuffisantes. Les oiseaux migrateurs peuvent accumuler jusqu'à 50 % de leur masse corporelle en gras avant un voyage ; au terme de leur périple, il n'en reste souvent que 5 %.

Bien que les réserves de graisse ne soient pas toujours appréciées esthétiquement, elles sont nécessaires. Sophie, une femme dans la moyenne, pèse 60 kilos dont 25 % de graisses. S'il fallait que l'énergie stockée dans ses graisses le soit plutôt dans des glucides, sa masse grimperait à 79 kilos. Ce serait comme si elle portait en permanence un sac à dos d'expédition lourdement chargé.

Certains acides gras sont dits « saturés », c'est-à-dire que chaque atome de carbone de la chaîne est lié à deux atomes d'hydrogène (et à deux atomes de carbone), comme c'est le cas de l'acide stéarique. D'autres, comme l'acide oléique, sont insaturés. Pour un acide gras monoinsaturé, on retrouve une LIAISON DOUBLE (indiquée par deux traits à la figure 7.4) entre deux atomes de carbone, qui ne portent alors qu'un seul atome d'hydrogène. Pour un acide gras polyinsaturé, il y a des liaisons doubles entre plusieurs paires d'atomes de carbone.

C'est principalement le degré d'insaturation, dont dépend la forme des molécules, qui détermine l'état physique des graisses. Des chaînes d'acides gras saturées sont relativement droites. Dans ce cas, les molécules de triglycérides s'accolent en ordre, ce qui favorise les liaisons entre elles et rend le gras solide. Au contraire, les chaînes insaturées sont courbées et se lient moins entre elles, ce qui diminue le point du fusion d'un corps gras.

La plupart des corps gras contiennent différents acides gras, saturés et insaturés. Les acides gras constituant les huiles végétales sont généralement moins saturés que ceux des graisses, ce qui explique que les huiles soient liquides à température ambiante. Mais il y a de grandes variations : alors que l'huile de tournesol contient environ 10 % d'acides gras saturés, l'huile de palme en recèle près de 50 %.

L'huile d'olive contient environ 70 % d'acide oléique monoinsaturé, mais aussi des acides stéarique et palmitique saturés et de l'acide linoléique polyinsaturé. Le point de fusion de l'acide oléique est de 16 °C, ce qui explique qu'une vinaigrette maison à base d'huile d'olive fige au réfrigérateur, où il fait environ 4 °C. La composition des vinaigrettes commerciales est élaborée de façon à éviter ce problème. De plus, elles sont refroidies lors de leur préparation ; les graisses à bas point de fusion s'agglomèrent et sont filtrées.

Les graisses végétales sont généralement considérées préférables aux graisses animales, qui contiennent plus d'acides gras saturés. En effet, les graisses animales contiennent du cholestérol, une molécule qui contribue à l'artériosclérose, maladie caractérisée par l'épaississement et le durcissement de la paroi interne des artères. De plus, notre foie fabrique aussi du cholestérol à partir de graisses *saturées*. En mangeant moins de gras animal, on gagne donc sur deux tableaux.

C'est pourquoi les fabricants de margarine insistent sur le fait que leur produit est fait d'huiles végétales. Mais si les margarines ne sont pas liquides, c'est que la plupart de leurs huiles ont été hydrogénées. En présence d'hydrogène sous pression et d'un CATALYSEUR, des liaisons doubles de chaînes d'acides gras insaturés se transforment en liaisons simples et des atomes d'hydrogène se lient aux atomes de carbone auparavant liés par une liaison double. Les acides gras deviennent davantage saturés.

La margarine faite, par exemple, « à partir d'huile de soya » en contient donc très peu quand on la mange, puisque la majeure partie de l'huile a été hydrogénée pour produire une margarine solide mais molle. Partiellement hydrogénées, les molécules de la margarine restent moins saturées que les graisses animales mais sont tout de même plus saturées que l'huile originale. Mais Antoine et la plupart des gens préfèrent « beurrer » leurs rôties plutôt que d'y verser de l'huile.

Les margarines qui s'annoncent « sans hydrogénation » contiennent généralement environ 10 % d'huile de palme qui, comme on l'a vu, renferme quelque 50 % d'acides gras saturés. Quant aux margarines légères, elles contiennent plus de 50 % d'eau... mais coûtent plus cher que les margarines ordinaires. Les fabricants utilisent souvent de la lécithine et de la gélatine pour stabiliser le mélange huiles-eau.

Expérience : L'eau dans la margarine

Remplissez de margarine une petite bouteille, comme un contenant à épices vide, et mettez-la dans de l'eau très chaude. Observez ce qui se passe après un certain temps.

La fraction grasse de la margarine monte à la surface et une solution aqueuse, plus dense, s'accumule au bas de la bouteille.

Brunissement des fruits et jus de citron

Antoine et ses sœurs se moquent pas mal de ces considérations diététiques qui préoccupent surtout leurs parents. Ils ont plutôt hâte au dessert mais leurs parents ont devancé leurs désirs : Sophie fait fondre du chocolat au micro-ondes alors que Pierre coupe divers fruits en gros morceaux. Une fondue au chocolat !

Expérience : Brunes ou blondes ?

Coupez quatre tranches d'une pomme et étendez-les à plat. Mettez du jus de citron sur une tranche, frottez un comprimé de vitamine C sur la deuxième, emballez la troisième dans une pellicule de plastique et laissez la dernière intacte. Attendez quelques heures et voyez comment la couleur des différentes tranches a évolué.

Pierre met les morceaux de pommes et de poires dans un bol et les arrose d'eau additionnée de jus de citron afin de les empêcher de brunir. Pourquoi, sans jus de citron, les pommes coupées brunissent-elles ? Parce qu'elles contiennent divers composés, comme des phénols, qui peuvent réagir entre eux ou avec l'oxygène de l'air pour former des substances de couleur foncée. Les composés phénoliques comprennent un ou plusieurs anneaux de six atomes de carbone, appelés cycles aromatiques[1], auxquels sont

1. Certains des premiers composés comportant un anneau de six atomes de carbone que l'on a découverts présentaient une forte odeur, d'où le nom de « cycle aromatique ».

associés un ou plusieurs groupes OH (figure 7.5). Les pommes et les bananes contiennent de nombreux composés phénoliques qui agissent comme antibactériens et aident le fruit à se protéger contre les bactéries et les moisissures.

Les composés phénoliques se transforment en quinones, de couleur brune, quand ils sont oxydés, c'est-à-dire quand ils perdent un ou plusieurs atomes d'hydrogène après une réaction avec des atomes d'oxygène[2]. Par exemple, l'oxydation de la dopamine[3] engendre de la dopamine quinone, la première étape menant à la synthèse d'un composé coloré.

Figure 7.5
Oxydation d'un composé phénolique

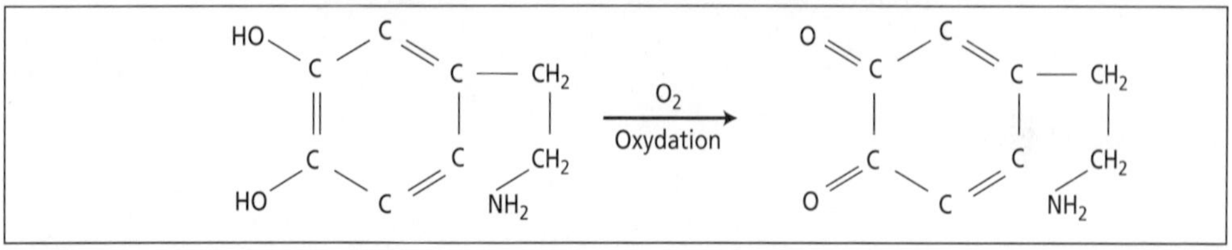

La dopamine, à gauche, est oxydée en dopamine quinone, à droite.

Dans un fruit, l'oxydation peut se produire de deux façons. En présence de l'oxygène de l'air, ce qui arrive quand le fruit est coupé, et par l'entremise d'enzymes, des protéines fabriquées par la plante. Dans les cellules végétales, les enzymes se trouvent dans le liquide interne, le cytoplasme. Les enzymes ne sont pas en contact avec les composés phénoliques parce que ceux-ci sont concentrés dans des vacuoles (petites « poches ») dispersées dans le cytoplasme. Meurtrir ou couper le fruit endommage les vacuoles et met en contact enzymes et phénols : les enzymes transforment les groupes OH des phénols, ce qui déclenche le brunissement.

Le jus de citron qu'a mis Pierre sur ses fruits inhibe le brunissement parce qu'il contient beaucoup de vitamine C, aussi connue sous le nom d'acide ascorbique, un antioxydant très efficace. La vitamine C est en effet un acide, qui tire son nom du fait qu'il prévient le scorbut. L'acide ascorbique, ou l'ascorbate, son ion, est essentiel à la synthèse et au maintien du collagène, une protéine présente dans les tissus conjonctifs des animaux.

On retrouve le collagène dans les tendons, le cartilage, les muscles, les parois des vaisseaux sanguins et les gencives, tissu de support des dents. Sans acide ascorbique, le collagène se dégrade. Les gencives se détériorent et saignent sous la pression des

2. En chimie, le terme « oxydation » fait aussi référence à la perte d'électrons par un atome.

3. La dopamine est présente dans les fruits, mais aussi dans notre système nerveux, où elle agit comme neurotransmetteur.

dents, qui finissent par se déchausser. C'est le premier symptôme du scorbut. Cette maladie, et l'affaiblissement qu'elle provoque, a fauché des générations de marins, de colons et d'explorateurs dont la diète était, la plupart du temps, à base de viande et de grains. Ce n'est que vers le milieu du 18e siècle qu'on a compris que, pour prévenir le scorbut, il fallait consommer des fruits et des légumes frais, qui contiennent de la vitamine C. En 1795, la marine de guerre anglaise imposa la consommation de citrons en mer… mais on attendit 70 ans de plus pour faire de même dans la marine marchande.

La vitamine C est un antioxydant parce qu'elle réagit avec l'oxygène et s'oxyde si facilement (figure 7.6) qu'elle le fait préférentiellement aux autres substances présentes. En étant anthropomorphique, on pourrait dire qu'elle se sacrifie pour les autres ! De plus, la principale enzyme responsable du brunissement a besoin d'oxygène pour agir (l'oxygène diffuse à travers la pelure et la chair du fruit). L'effet de l'enzyme est donc entravé par la présence d'acide ascorbique. Les fabricants de jus de fruits ajoutent de l'acide ascorbique dans leurs produits, non pour des raisons nutritionnelles mais pour empêcher l'oxydation et le brunissement.

Figure 7.6
L'oxydation de la vitamine C

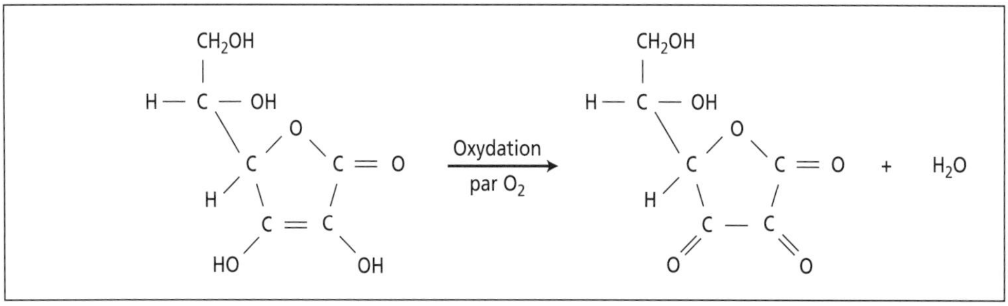

L'oxydation de la vitamine C, à gauche, produit de l'acide déhydroascorbique, à droite.

Le chocolat

Sophie remue le chocolat qu'elle a fait fondre. Le chocolat nous vient de l'Amérique centrale, où il était si prisé qu'il était considéré comme l'aliment des dieux et servait de monnaie. Christophe Colomb a découvert l'Amérique et, mieux encore, a été le premier à rapporter des fèves du cacaoyer en Europe.

Les Aztèques buvaient leur cacao aromatisé de piments broyés et d'un colorant rouge. Au 17e siècle, les Occidentaux ont commencé à boire le chocolat assaisonné de sucre, de vanille, de cannelle, de clou de girofle ou de noisettes. Les premières tablettes de chocolat ne sont apparues qu'au 19e siècle, quand on apprit à extraire le beurre de cacao et à le mélanger à de la poudre de cacao et à du sucre pour produire une tablette.

Les gousses du cacaoyer ont la forme de petits ballons de football américain. Elles contiennent chacune plusieurs dizaines de fèves (les graines) qu'on fait fermenter plusieurs jours après la cueillette. La fermentation par des enzymes engendre ou modifie différents composés aromatiques, ce qui développe l'arôme des fèves et en réduit l'amertume tout en leur donnant une couleur brune. Séchées, les fèves sont expédiées au fabricant, qui les torréfie (comme pour le café) à environ 135 °C, ce qui engendre de nouveaux composés chimiques qui donnent au chocolat sa saveur caractéristique. Les fèves sont alors broyées à une température de 50 à 70 °C. La matière grasse contenue dans les graines se liquéfie et on obtient la pâte de cacao, matière première de la fabrication du chocolat.

De la pâte de cacao, on obtient le beurre de cacao par extraction sous pression (comme pour une huile obtenue à partir de graines). Refroidi, le beurre de cacao présente une couleur jaune pâle et a l'odeur et la saveur du chocolat. Les résidus secs provenant de l'extraction sont broyés pour fournir le cacao en poudre.

Pour faire du chocolat, on ajoute à la pâte de cacao du sucre et du beurre de cacao. C'est en jouant sur les proportions et la qualité des ingrédients qu'on obtient les différents types de chocolat. La pâte de chocolat doit être pétrie assez longtemps, à des températures précises, puis refroidie lentement et soigneusement, autour de 30 °C, afin d'obtenir un chocolat stable et non granuleux. Un refroidissement trop rapide fait se cristalliser le beurre de cacao dans des formes instables ; ultérieurement, les cristaux de lipides migrent vers la surface et le chocolat prend une couleur blanche à l'extérieur.

Juste avant le refroidissement, les fabricants ajoutent de la lécithine, un ÉMULSIFIANT qui fluidifie la pâte, remplaçant en cela une partie du beurre de cacao. Une proportion de 0,5 % (en poids) de lécithine dans le chocolat permet de réduire la quantité de beurre de cacao de près de 15 %. Le chocolat contient ainsi moins de gras et coûte moins cher à produire.

Comme le beurre de cacao contient de nombreux corps gras différents, il ne fond pas à une température bien définie, au contraire de l'eau pure qui fond précisément à 0 °C. Le chocolat s'amollit avant de fondre, ce qui n'est pas le cas de la glace. Le beurre de cacao se liquéfie autour de 34 °C : dans notre bouche, à près de 37 °C, le chocolat fond.

Sophie chauffe le chocolat à une température supérieure, pour éviter qu'il ne fige trop vite, puis y ajoute un peu de crème. Elle verse ensuite le mélange dans un caquelon qu'elle installe au-dessus d'un brûleur fonctionnant avec de l'alcool à fondue (méthanol).

Entre-temps, Pierre a préparé des morceaux d'oranges et de kiwis. Ces derniers sont verts parce qu'ils contiennent beaucoup de chlorophylle, le composé responsable de la photosynthèse chez les plantes. De nombreux fruits, comme les fraises, les pommes, les oranges, les bananes, renferment aussi de la chlorophylle avant de mûrir ; on dit d'ailleurs qu'ils sont « verts ». Durant la maturation, des enzymes détruisent la chlorophylle pendant que la concentration des autres pigments augmente. Le kiwi est un des très rares fruits à conserver sa chlorophylle durant sa maturation. Son vert intense agrémente ainsi joliment le bol de fruits que Pierre a préparé.

Sans se soucier de ces savantes considérations, Sophie, Pierre et les enfants commencent à tremper leurs fruits dans le chocolat. Quel festin !

Soirée familiale

Repus, les enfants quittent la table et vont jouer au salon pendant que les parents savourent un bref repos bien mérité. Pierre va mettre un disque dans le lecteur laser et reprend le journal qu'il avait à peine entamé le matin. Assise à côté de lui, Sophie lit plutôt un magazine, les jambes appuyées sur une chaise.

Ce moment de félicité est court. Bientôt, des cris jaillissent du salon ; les hostilités semblent déclarées. Un des deux membres de la force de maintien de la paix se lève et va patrouiller pour ramener le calme et entamer des pourparlers.

Saran Wrap et pompe Vacu-Vin

Pierre et Sophie se lancent ensuite dans d'autres tâches ménagères inévitables. Il faut ramasser la vaisselle et la disposer dans le lave-vaisselle, ranger les surplus de nourriture au réfrigérateur… Pierre découpe une pellicule de plastique, de type Saran Wrap, qu'il pose sur le bol contenant les morceaux de fruits non consommés. Chimiquement, le Saran est du chlorure de vinylidine (figure 8.1), autre parent de l'éthylène, comme le téflon qu'on a déjà présenté.

Le Saran tient sur le bol grâce aux propriétés élastiques du plastique. En l'appliquant, Pierre étire légèrement le plastique, puis le relâche. Le film se rétracte sur le contour du bol et y tient grâce au frottement. Il n'y « colle » pas, à proprement parler, car il n'y a pas de liaisons chimiques en jeu.

Sophie, elle, referme la bouteille de vin. Elle insère dans le goulot un bouchon spécial avant d'appliquer dessus une pompe du genre *Vacu-Vin*, qui permet de retirer une bonne partie de l'air restant dans la bouteille, ce qui ralentira l'oxydation du vin (figure 8.2).

Figure 8.1

Structures chimiques de l'éthylène, du tétrafluoroéthylène, du chlorure de vinylidine et du chlorure de vinyle

Éthylène — Tétrafluoroéthylène (monomère du téflon) — Chlorure de vinylidine (monomère du Saran) — Chlorure de vinyle (monomère du PVC)

En chimie, le terme vinyle désigne un groupement hydrocarboné $CH_2=CH-$ correspondant à une molécule d'éthylène ayant perdu un atome d'hydrogène.

Se liant bout à bout, les monomères de chlorure de vinylidine forment du polychlorure de vinylidine, connu sous son nom commercial *Saran*. Les monomères de chlorure de vinyle forment du polychlorure de vinyle, ou PVC (*polyvinyl chloride*, en anglais), un autre plastique, utilisé dans la fabrication de tuyaux de plomberie, de couvre-planchers, de jouets, etc.

Figure 8.2

Bouchon et pompe de type Vacu-Vin vus en coupe

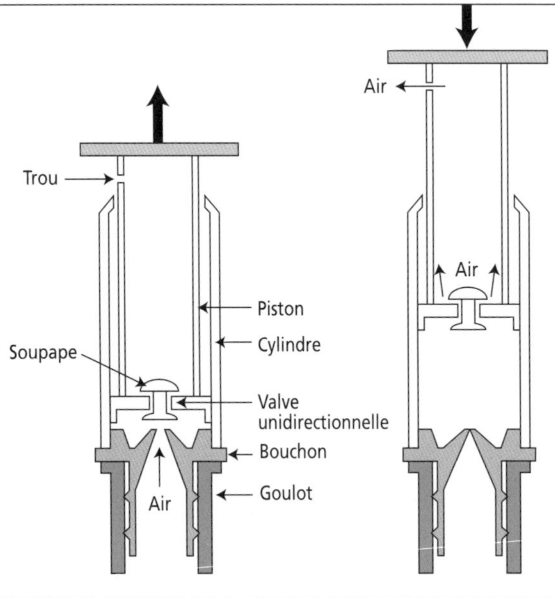

Le bouchon en caoutchouc comporte des bourrelets qui assurent l'étanchéité avec le goulot. À l'intérieur, il est creux et se termine par des parois inclinées et une petite fente, que son élasticité garde normalement fermée.

Quand Sophie applique la pompe sur le bouchon et tire le piston vers le haut, la valve située au bout du piston se ferme (la soupape s'abaisse) parce que la pression diminue dans le cylindre sous le piston. Si la pression dans le cylindre devient suffisamment inférieure à celle existant dans la bouteille, la fente du bouchon s'ouvre et une partie de l'air présent dans la bouteille passe dans le cylindre de la pompe (figure 8.2, à gauche).

Quand Sophie repousse le piston vers le bas, la pression dans le cylindre augmente sous le piston. La fente du bouchon se ferme. La soupape située au bout du piston remonte donc la valve s'ouvre et laisse passer l'air dans le corps du piston (figure 8.2, à droite). L'air s'échappe par un trou situé sur le côté du piston, ce que Sophie peut très bien sentir.

Après quelques coups de pompe, il reste beaucoup moins d'air dans la bouteille. Le déséquilibre entre la pression interne et la pression externe tend à rapprocher les parois inclinées du bouchon et assure l'étanchéité de la fente. Pour enlever ultérieurement le bouchon, il n'y aura qu'à déformer le bouchon en le pinçant. La fente s'ouvrira, l'air pénétrera dans la bouteille jusqu'à ce que les pressions interne et externe deviennent égales.

Nettoyage et produits ménagers

Pierre nettoie la table et les comptoirs de la cuisine avec un chiffon et un produit de nettoyage. Les produits liquides pour surfaces dures, souvent embouteillés dans des vaporisateurs à gâchette, contiennent des détergents et différents « agents de renfort ». Grâce à sa structure moléculaire, le détergent facilite l'étalement de l'eau sur l'objet à laver. De plus, ses molécules se lient aux graisses, les détachent de la surface où elles sont collées et les mettent en solution, comme le font des savons (qui sont un type de détergents).

Les agents de renfort (*builders*, en anglais) jouent des rôles variés et essentiels. Ils emprisonnent les ions de calcium et de magnésium de l'eau dure, agglutinent la saleté et en empêchent la redéposition sur les surfaces à nettoyer. Les meilleurs agents de renfort sont les phosphates, qui accomplissent toutes ces fonctions en même temps. Rejetés dans l'environnement, les phosphates ont cependant l'inconvénient de contribuer à l'eutrophisation (accumulation de débris végétaux et insuffisance d'oxygène dissous) des lacs et des cours d'eau.

Plusieurs produits de nettoyage comportent aussi des produits basiques, comme la soude caustique (hydroxyde de sodium, NaOH), l'ammoniac (NH_3) ou les amines, dérivés de l'ammoniac. Les bases altèrent les protéines. Elles décomposent aussi les triglycérides constituant les graisses.

Le produit de nettoyage qu'utilise Pierre contient, de plus, des solvants qui servent à dissoudre les graisses dérivées du pétrole (graisses lubrifiantes, huile à moteur, à lampe) non attaquées par les bases. Généralement, ces solvants sont eux-mêmes des dérivés du pétrole. Ils attaquent aussi beaucoup de taches chimiques, comme l'encre ou la craie de cire qu'utilise parfois Rachel pour dessiner de belles fresques sur les murs.

Pierre a imbibé son chiffon d'eau chaude avant de nettoyer la table. Cela facilite le nettoyage, car la plupart des substances se dissolvent davantage et plus vite dans l'eau chaude. De plus, les molécules d'eau laissées sur la table ont plus d'énergie et s'évaporent nettement plus vite : la table sèche plus rapidement après le nettoyage. C'est aussi ce qui fait que la vaisselle lavée et rincée à l'eau chaude est beaucoup plus facile à essuyer : l'eau s'évapore si vite qu'il y en a beaucoup moins à enlever.

Après avoir nettoyé la table, Pierre rince son chiffon dans l'évier. L'eau qui quitte le chiffon est souillée puisqu'elle contient les saletés que Pierre a essuyées. Quand on nettoie une chose, on en salit toujours une autre : faire du ménage, ce n'est pas éliminer la saleté, mais la déplacer !

Les poussières

Pendant que Pierre frotte, Sophie balaie les miettes tombées par terre et tout ce qui se trouve sur le plancher. La poussière qui parsème le sol est constituée de débris et de résidus d'une infinité de processus. La peau de nos héros libère des poils et des amas de cellule mortes, leurs vêtements perdent de minuscules brins de tissus, l'abrasion du plancher par leurs souliers libère des particules de vernis, de bois, de caoutchouc. L'air et le vent transportent de minuscules grains de sable, des cendres, du pollen, du sel des océans, des particules d'asphalte érodées par les pneus des voitures, etc. Certaines « poussières », spores de moisissures et acariens, sont même vivantes.

Le ping-pong

Nettoyage terminé, Pierre et Sophie descendent au sous-sol, où sont déjà rendus les enfants. Julie construit une base spatiale en Lego pour se préparer à une future guerre extragalactique avec son frère. Rachel fouille dans l'atelier, dont la porte avait été laissée ouverte. Sophie repère sa gamine curieuse et la fait sortir de l'atelier ; avec tous ces outils dangereux, ce n'est pas un endroit pour jouer.

Pierre commence une partie de ping-pong avec Antoine. La petite balle blanche va et vient, renvoyée par les joueurs à tour de rôle. Une bonne part des balles de ping-pong sont encore faites de celluloïd, ou nitrate de cellulose, un des premiers plastiques mis au point dans la seconde moitié du 19e siècle. Le celluloïd est un plastique dit semi-synthétique, car il est fabriqué à partir de cellulose naturelle, qu'on fait réagir avec de l'acide nitrique (HNO_3). Lors de la réaction, une partie des groupes hydroxydes (OH^-) de la cellulose sont transformés en réagissant avec des groupes nitrates (NO_3^-).

À chaque bond, la balle se déforme, même si ça ne se voit pas à l'œil nu, et perd un peu d'énergie. De plus, le contact modifie la rotation de la balle. En effet, en arrivant obliquement sur la surface de la table, la balle tend à glisser et la table exerce alors sur elle une force de frottement qui s'oppose à cette tendance (figure 8.3). Le frottement confère à la balle une rotation (assez faible) dans la direction de son mouvement. De plus, la force de frottement, ainsi orientée, diminue la vitesse horizontale de la balle, qui repart donc à un angle plus proche de la verticale qu'à son arrivée.

Figure 8.3
Bond d'une balle arrivant sur la table sans rotation

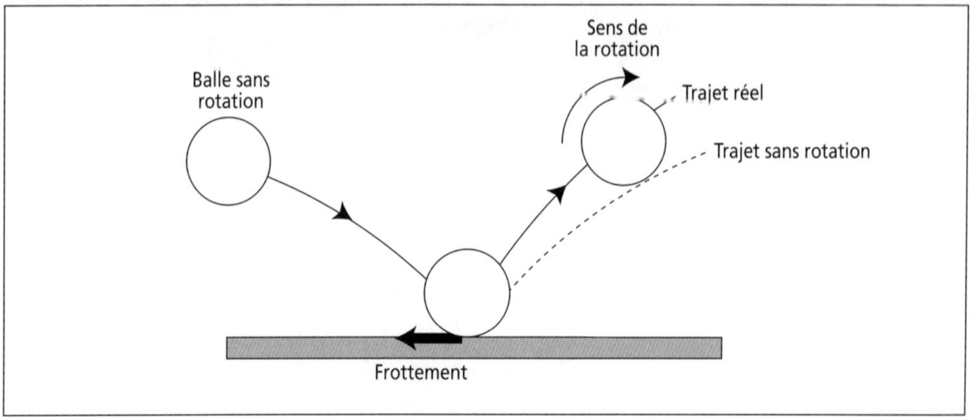

Le sens du frottement exercé par la table est tel que le frottement s'oppose au glissement de la balle sur la table. À cause de ce frottement, la balle se met en rotation et repart (ligne en trait plein) à un angle plus proche de la verticale que s'il n'y avait pas eu de frottement (ligne en pointillé).

Parfois Pierre, pour taquiner Antoine, donne de l'effet à la balle en bougeant sa raquette latéralement ou parallèlement à la direction de la balle. La balle dévie alors de côté ou rebondit moins haut que ne l'avait prévu Antoine.

Cette fois, quand la balle en rotation frappe la table, sa surface tend davantage à glisser sur celle de la table que si elle n'avait pas eu de rotation. La table exerce donc une force de frottement plus élevée. Selon le sens de la rotation, cette force modifie le mouvement de la balle dans le sens latéral ou longitudinal. Par exemple, si la rotation se fait dans le sens indiqué à la figure 8.4, le frottement est inversé par rapport à la situation de la figure 8.3 (parce que le frottement s'oppose à la tendance au glissement entre les surfaces). Maintenant, le frottement exercé par la table freine la rotation mais augmente la vitesse horizontale de la balle, qui part dans une direction plus écartée de la verticale. Si Pierre donne à la balle une rotation dans le sens latéral, le frottement exercé lors du contact avec la table fait dévier la balle à gauche ou à droite.

Figure 8.4

Bond d'une balle arrivant sur la table avec une rotation dans le sens longitudinal

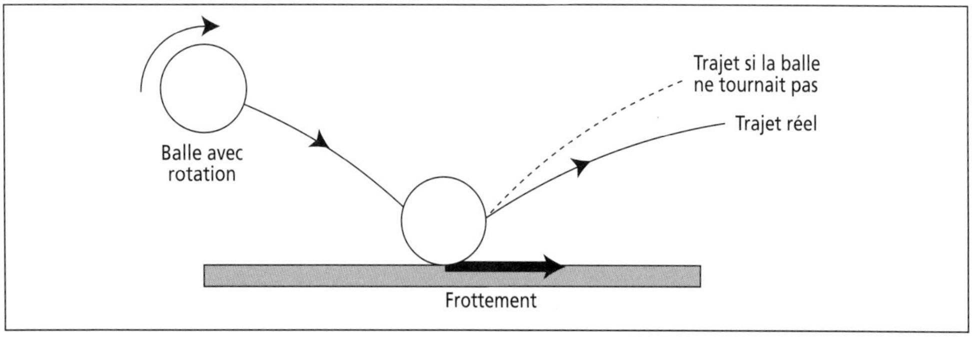

Le frottement s'oppose au glissement de la balle sur la table. À cause de ce frottement, la rotation de la balle ralentit et la balle repart (ligne en trait plein) à un angle plus éloigné de la verticale que s'il n'y avait pas eu de frottement (ligne en pointillé).

Après une dizaine de minutes de jeu, Pierre mène 18 à 10. En jouant un peu mollement, il laisse Antoine le remonter. Le score s'égalise à 19. C'est le temps d'en finir, se dit Pierre. Mais Antoine suit avec un smash imparable et, au point suivant, sa balle frôle le filet et tombe juste à côté. Impossible pour Pierre de la récupérer ! Antoine gagne et pavoise.

L'heure du bain

Pour se remettre de ses émotions, Pierre accepte de s'attabler de nouveau afin de manger le délicieux repas que lui a préparé Rachel avec son ensemble de casseroles et d'aliments en plastique. Pendant ce temps, Sophie monte faire couler l'eau du bain.

Le bain prêt, Pierre monte avec Rachel, qui se déshabille et rejoint sa maman dans le bain. Sophie s'appuie le dos à l'extrémité du bain. Brrr ! Le métal apparaît très froid. Pourtant, la salle de bain est chauffée à 20 °C et, puisque le bain contient de l'eau chaude, le métal devrait être à une température supérieure. Pourquoi Sophie a-t-elle cette impression de froid dans le bain alors que si elle s'était assise le dos nu dans un fauteuil, le dossier ne lui aurait pas paru froid au toucher ?

C'est que les neurones sensitifs de Sophie détectent les transferts de chaleur, et non pas la température en tant que telle. Plongée dans de l'eau à 4 °C, comme il arrive à des naufragés dans l'océan, ou dans un lac en automne, Sophie ressentirait beaucoup plus le froid que si elle se trouvait dans de l'air à 4 °C. En effet, l'eau, en partie parce qu'elle est plus dense, conduit davantage (environ 20 fois plus) la chaleur que l'air. Dans l'eau, à chaque instant, davantage de molécules entrent en contact avec le corps chaud de Sophie et repartent avec plus d'énergie, lui retirant ainsi de la chaleur.

Or, le métal de la baignoire conduit encore mieux la chaleur que l'eau car il contient des électrons libres qui peuvent se déplacer (les mêmes électrons qui donnent lieu au courant électrique). Ces électrons transportent ainsi l'énergie d'une région chaude, la surface du métal en contact avec le dos de Sophie, vers une région froide, le reste du métal.

Le métal conduit beaucoup mieux la chaleur que le tissu du fauteuil ou le plastique d'un bain en acrylique. Dans le plastique, il n'y a pas d'électrons libres et la chaleur est transmise plus lentement. Les atomes et molécules de la surface extraient de l'énergie des atomes de Sophie et vibrent davantage; la chaleur ne se propage que par la transmission de ces vibrations d'une molécule à ses voisines.

Rachel s'amuse à arroser sa maman; Sophie a encore plus froid. L'eau dont elle est couverte absorbe de la chaleur de son corps et s'évapore, ce qui augmente ses pertes de chaleur, qui sont déjà plus élevées que si elle était habillée. Sans vêtements, en effet, l'air réchauffé par le corps, qui est moins dense que l'air froid, s'élève et est remplacé par de l'air froid. Les vêtements ralentissent cette convection.

Sophie perd aussi de l'énergie d'une autre façon: elle « rayonne », comme tout le monde d'ailleurs. Tous les objets, tous les corps émettent de la radiation à cause des mouvements de leurs électrons, de leurs atomes et de leurs molécules. Un atome qui gagne de l'énergie lors d'une collision, par exemple, peut la perdre dans une autre collision ou sous forme de rayonnement. La peau de Sophie émet ainsi des rayons infrarouges, en plus de chauffer l'air directement.

Bien qu'ils y pénètrent, l'œil humain ne peut pas percevoir ces rayons (sinon, Pierre verrait Sophie dans l'obscurité). Nos yeux ne détectent que la « lumière visible », du violet au rouge en passant par le bleu, le vert, le jaune et l'orange.

La buée du miroir

Tout comme l'air chaud, la vapeur d'eau provenant du corps de Sophie et de l'eau du bain se déplace dans la salle de bain. C'est pourquoi le miroir au-dessus du comptoir est couvert de buée. En fait, il n'y a pas que le miroir qui soit embué: les murs et tous les objets le sont aussi (sauf l'ampoule électrique, où les molécules d'eau faisant contact s'évaporent aussitôt à cause de la température élevée).

La buée est davantage évidente sur le miroir parce que ses microgouttelettes diffusent la lumière dans toutes les directions, empêchant ainsi la réflexion normale. Dans le film *Jean de Florette*, du réalisateur Claude Berri, on voit un médecin qui utilise ce principe pour constater l'arrêt de la respiration. L'air expiré est légèrement humide; si un miroir placé devant la bouche ne s'embue pas, c'est que la personne ne respire plus.

La présence de la buée veut aussi dire que le miroir est « sale ». En effet, l'eau déposée sur du verre parfaitement propre recouvre plus ou moins uniformément le verre plutôt que de former des gouttelettes. On dit que l'eau mouille le verre. Ce comportement résulte de l'attraction assez grande qu'exercent les molécules de verre sur les molécules d'eau (phénomène déjà abordé quand on a parlé des larmes du vin). Par contre, l'eau vaporisée sur de la cire ou un corps gras se rassemble en gouttelettes parce que cette fois, l'attraction entre les molécules d'eau est plus grande que l'adhésion au substrat. La buée sur le miroir, formée de microgouttelettes, indique donc que la surface du miroir est sale. Mais Sophie et Pierre n'ont pas à s'en faire : pour nettoyer vraiment à fond le verre, il faudrait le laver à l'acide, et encore !

Savon et détergent

Frissonnant un peu, Sophie décide d'en finir avec le bain de Rachel. Elle savonne sa fille des pieds à la tête afin de la nettoyer. Le savon de toilette contient de 10 à 25 % de vrai savon, environ 60 % de détergent, de 10 à 30 % d'eau et un peu de parfum.

Chimiquement, un savon est composé d'un acide gras et d'un ion sodium ou potassium. Les acides gras, comme on l'a vu au chapitre 7, sont des molécules organiques formées d'une chaîne hydrocarbonée de longueur variable et se terminant par un groupe COOH. Un triglycéride contient trois acides gras dont le groupe COOH a été modifié par la réaction avec du glycérol (figure 7.4). En faisant réagir un triglycéride avec de l'hydroxyde de potassium (KOH) ou de sodium (NaOH), anciennement appelé soude caustique, on obtient du savon (figure 8.5).

Figure 8.5
Réaction de fabrication du savon

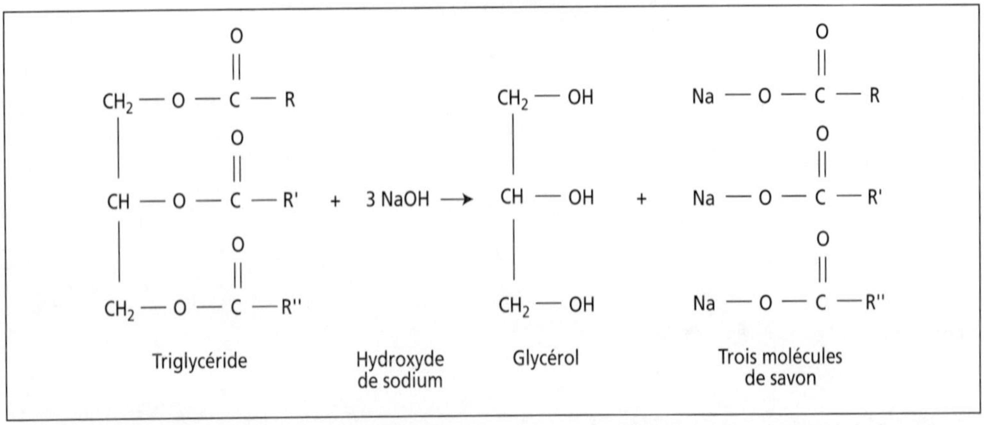

Un triglycéride réagissant avec de l'hydroxyde de sodium donne du glycérol et du savon. R, R' et R" sont des chaînes hydrocarbonées constituées d'atomes de carbone auxquels sont liés des atomes d'hydrogène.

Comment le savon peut-il nettoyer Rachel ? En dispersant dans l'eau les graisses et les huiles de la saleté qui se trouve sur le corps de notre jeune amie. Les graisses et les huiles, hydrophobes, ne se mélangent pas facilement avec l'eau, ce qui complique beaucoup le nettoyage. C'est parce que les chaînes hydrocarbonées non polaires des triglycérides n'attirent pas les molécules d'eau, polaires, ces dernières se liant plutôt entre elles. Les molécules de savon lavent en servant d'entremetteuses entre le gras et l'eau.

Figure 8.6
Une molécule de savon typique : le myristate de sodium ($CH_3(CH_2)_{12}COONa$)

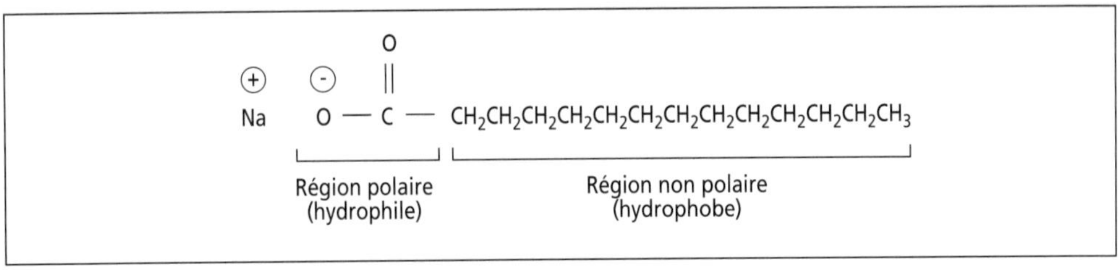

L'ion Na^+ est lié à l'ion d'acide gras, qui se termine avec le groupe COO^-, par une liaison ionique (attraction entre charges électriques de signes opposés). Dans l'eau, la molécule se sépare en ses deux ions constitutifs.

En se dissolvant dans l'eau, une molécule de savon se divise en un ion sodium Na^+, chargé positivement, et un ion négatif formé par l'acide gras (figure 8.6). Cet ion d'acide gras a un talent particulier pour le nettoyage grâce à sa double personnalité. Il comprend une partie polaire et hydrophile, COO^-, attirée par l'eau (elle-même polaire), ainsi qu'une partie hydrophobe, non polaire, la chaîne hydrocarbonée. Cette dernière tend à quitter la solution aqueuse pour s'introduire dans les graisses. Il se forme une pellicule de savon aux interfaces eau-graisse. L'ion d'acide gras peut ainsi interagir avec l'eau *et* les graisses et servir d'intermédiaire pour le mélange des deux.

Puisque les chaînes hydrocarbonées tendent à s'éloigner de la solution aqueuse, il se forme aussi une pellicule de savon à l'interface eau-air et les chaînes hydrocarbonées peuvent émerger dans l'air.

Expérience : Le poivre qui n'aime pas le savon

Versez de l'eau dans un petit bocal, saupoudrez la surface de poivre ou d'une autre poudre non soluble (poudre pour bébé, par exemple). Mettez un peu de savon sur un doigt et plongez-le dans l'eau. Observez les grains de poivre : ils s'éloignent du doigt puis, plus tard, coulent.

La surface de l'eau se comporte un peu comme une pellicule élastique parce que les molécules d'eau s'attirent entre elles. Quand on dépose un peu de savon dans l'eau, une partie du savon reste en surface, où les chaînes hydrocarbonées émergent dans l'air. Les molécules de savon s'interposent entre les molécules d'eau, dont elles réduisent la force d'attraction. Dans sa portion non encore contaminée par le savon, la surface reste plus « élastique » et se contracte, comme le ferait une pellicule de caoutchouc sous tension qu'on percerait au centre. En se contractant, la surface non contaminée par le savon entraîne le poivre présent à sa surface.

Une fois que le savon s'est répandu sur toute la surface, les grains de poivre coulent parce que les molécules d'eau, moins liées, supportent moins bien les objets en surface.

Grâce à leur dualité hydrophile-hydrophobe, les ions d'acides gras tendent dans l'eau à former des micelles, c'est-à-dire des amas de quelques centaines de molécules dans lesquels la partie hydrophile des ions est dirigée vers l'extérieur, dans l'eau, et la partie hydrophobe, vers l'intérieur, évitant l'eau (figure 8.7).

Figure 8.7
Les micelles

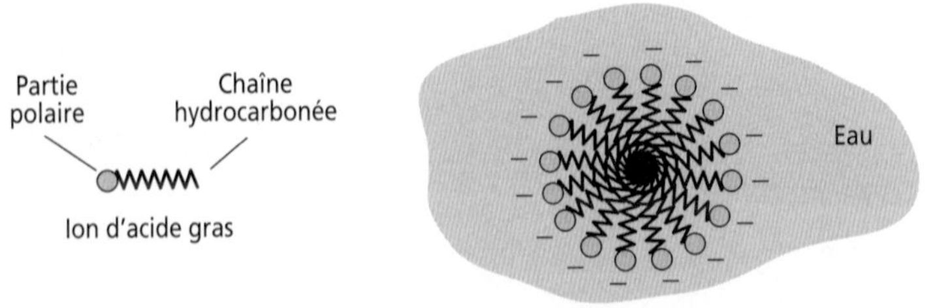

Dans l'eau, les ions d'acide gras forment des globules appelés « micelles ». Les chaînes hydrocarbonées, hydrophobes, se trouvent à l'intérieur, liées entre elles et éloignées des molécules d'eau. Les micelles font moins d'un micromètre de diamètre. Les groupes COO^-, chargés négativement, se lient aux molécules d'eau.

Expérience : Lumière sur les micelles

Versez de l'eau dans deux verres transparents. Dans un des verres, ajoutez du savon (par exemple, quelques gouttes de savon à vaisselle liquide) et remuez légèrement pour disperser le savon. Attendez plusieurs minutes, le temps que les minuscules bulles d'air entraînées dans l'eau lors du remplissage remontent en surface. Faites l'obscurité et dirigez le faisceau d'une petite lampe de poche vers chacun des verres. Qu'observez-vous ?

Le faisceau de lumière passant à travers l'eau savonneuse est nettement visible (l'eau apparaît laiteuse vis-à-vis du faisceau), surtout devant un arrière-plan sombre. C'est parce que la lumière est diffusée dans toutes les directions par les micelles de savon. Si la lumière est très peu diffusée, comme dans le cas de l'eau pure, elle continue tout droit et le faisceau de lumière est difficile à distinguer quand on l'observe de côté.

Lorsque Sophie lave Rachel, les micelles de savon en solution entrent en collision avec les dépôts de gras. Les molécules de savon se répandent à l'interface eau-gras et y réduisent l'attraction des molécules d'eau entre elles (la tension superficielle), ce qui aide l'eau à pénétrer dans et sous le gras. Le savon, aidé par le frottage, permet à l'eau de diviser le gras en plusieurs gouttelettes minuscules. Ces gouttelettes de gras sont emprisonnées au centre des micelles et gardées en solution, d'autant plus que les micelles sont toutes recouvertes d'une charge négative et donc se repoussent (figure 8.8). Sophie n'aura qu'à rincer Rachel pour tout éliminer. Ainsi, le savon, fabriqué à partir d'un corps gras, permet de dissoudre dans l'eau d'autres corps gras !

Figure 8.8
L'action des molécules de savon sur les graisses

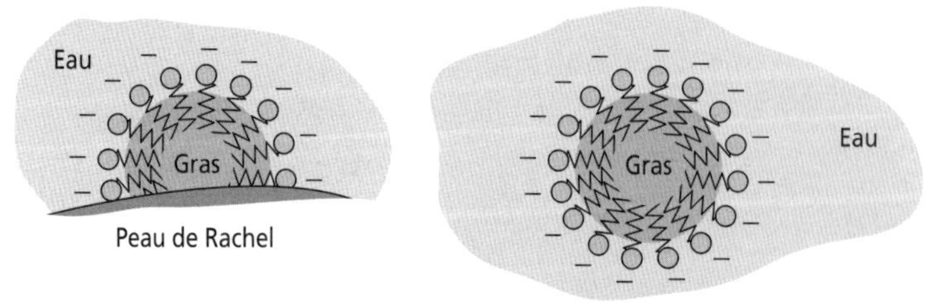

Les chaînes hydrocarbonées des molécules de savon se lient au gras présent sur la peau de Rachel. Le frottage fragmente ensuite le gras et des micelles se forment. Dans une micelle, la partie polaire des ions d'acides gras est liée à des molécules d'eau (non illustrées), pendant que la partie non polaire fuit l'eau et reste orientée vers l'intérieur de la micelle, où elle est liée au gras.

Les savons présentent un inconvénient important quand ils entrent en contact avec de la saleté ou de l'eau contenant du calcium ou du magnésium. Combinés à ces minéraux, les ions d'acides gras produisent des composés insolubles. Le cerne noircissant le tour d'une baignoire après un bain est surtout constitué de tels composés. Comme toute eau contient un peu de calcium ou de magnésium, il est difficile d'éviter les cernes. Le problème est amplifié avec les eaux dures, qui contiennent beaucoup de minéraux dissous.

La présence de composés insolubles est tolérable dans la baignoire mais beaucoup moins parmi les vêtements, qui deviendraient rigides et grisâtres si on les lavait aujourd'hui avec du savon. En pressant les vêtements entre les rouleaux d'une essoreuse, on éliminait autrefois une bonne partie des composés insolubles. Avec les machines à laver automatiques, l'essorage par centrifugation fait que les vêtements agissent comme un filtre et retiennent les dépôts non solubles pendant que l'eau s'échappe. La solution à ce problème a été trouvée avec la mise au point des détergents synthétiques, qui sont des composés structurellement similaires aux savons mais qui forment des sels solubles même avec les ions calcium et magnésium. Les Allemands ont entrepris la fabrication des détergents à grande échelle lors de la Première Guerre mondiale afin d'économiser les matières grasses.

Le poids de l'eau et le scellant

Maintenant propres, Sophie et Rachel sortent finalement de la baignoire. Celle-ci se soulève alors imperceptiblement: en effet, nos héroïnes font ensemble quelque 75 kilos. La baignoire et le plancher sous-jacent doivent supporter leur poids ainsi que celui de l'eau. Une baignoire de 120 centimètres sur 60, remplie de 20 centimètres d'eau, contient, mine de rien, près de 150 kilos d'eau !

C'est la raison pour laquelle le joint entre la baignoire et les carreaux de céramique n'est pas rempli de coulis, comme ceux des carreaux situés au-dessus. Un joint de coulis durci craquerait vite en raison des déformations de la baignoire et du plancher lors des remplissages et vidages. Pour ne pas se fissurer, le joint doit être élastique. On utilise un scellant, un mélange qui durcit après application tout en restant relativement flexible grâce aux polymères et aux plastifiants qu'il contient. Les meilleurs sont les scellants au silicone : ils adhèrent bien, sont élastiques et leur surface sèche vite. Les scellants au silicone les plus courants durcissent en réagissant avec l'humidité de l'air ; ils dégagent alors, comme sous-produit, de l'acide acétique (composant du vinaigre). L'odeur forte ne persiste heureusement pas longtemps.

Le tourbillon lors du vidage de la baignoire

Pendant que la baignoire se vide, un tourbillon se forme près de la bonde et l'eau se met à tourner. On entend parfois dire que l'eau tourne dans le sens inverse des aiguilles d'une montre (vu d'en haut) dans l'hémisphère Nord, et dans l'autre sens dans l'hémisphère Sud. Dans des conditions normales, cela est un mythe. La façon dont le bouchon est tiré et les courants persistant dans l'eau ont beaucoup plus d'effet sur le sens de rotation de l'eau. On peut facilement vérifier l'existence des courants résiduels en saupoudrant sur l'eau de petits morceaux de liège ou de papier ou, mieux, en ajoutant à l'eau du bain quelques gouttes de colorant alimentaire.

Dans des conditions *idéales*, il est vrai que l'eau tourne dans le sens antihoraire dans l'hémisphère Nord. Ce phénomène, dû à ce qu'on appelle l'effet de Coriolis, est lié à la rotation de la Terre. La force de Coriolis permet de décrire la déviation des objets en mouvement dans un système accéléré, comme la Terre en rotation. En physique, on la traite de force fictive, comme la fameuse force centrifuge. Ces forces n'existent pas en réalité : on les introduit pour expliquer ce qu'on observe quand on se trouve à un endroit qui est accéléré, comme un point de la surface de la Terre. En effet, à cause de la rotation terrestre, ce point suit une trajectoire courbe et change constamment de direction, ce qui implique une accélération.

L'effet de Coriolis apparaît quand un objet (l'eau dans le cas présent) bouge dans un système en rotation. Dans l'hémisphère Nord, l'eau qui coule vers le renvoi du bain dévie vers la droite, ce qui engendre autour de l'orifice d'évacuation un tourbillon tournant, vu d'en haut, dans le sens contraire des aiguilles d'une montre (à condition qu'aucun courant résiduel ne masque ou n'annihile le phénomène). Dans l'hémisphère Sud, la déviation vers la gauche produit une rotation dans le sens des aiguilles d'une montre.

Appelés pour prendre leur bain eux aussi, Antoine et Julie montent à la course, en se chamaillant pour déterminer qui passera en premier. Les parents règlent la question : la plus jeune d'abord. Pendant ce temps, Pierre regarde avec Rachel un livre sur les animaux.

La soie dentaire

Après le bain, les enfants se préparent à aller se coucher. Antoine passe la soie dentaire entre ses dents. Comme le dit un texte scientifique sur le sujet, « la soie est maintenue sous tension pendant qu'elle est bougée perpendiculairement à son axe longitudinal dans la direction occluogingivale le long des surfaces proximales des dents. Ce mouvement, s'il est bien exécuté, permet de déloger mécaniquement la plaque dentaire et les particules de nourriture piégées entre deux dents adjacentes. » Devant une telle précision, il n'y a pas grand-chose à ajouter, sinon que la soie est généralement formée de brins de nylon entortillés, comme pour un fil à coudre (chapitre 1). Parfois elle est recouverte de cire afin de diminuer le frottement et de faciliter le passage entre les dents. Des chercheurs de Colgate-Palmolive ont aussi mis au point une soie constituée de... téflon. Ils ont constaté un petit inconvénient : le frottement est alors si faible que la personne a de la difficulté à tenir la soie. Il a fallu ajouter de la cire sur la soie... cette fois pour augmenter le frottement et faciliter la manutention !

Dents brossées, derniers pipis évacués, parents embrassés, Antoine, Julie et Rachel vont se coucher. Pierre et Sophie vont les border et leur fredonner une chanson. Puis ils ferment les portes des chambres, se regardent et sourient. Ouf ! enfin, un peu de temps libre !

Foyer, doux foyer

Pierre et Sophie s'enlacent quelques instants. Maintenant que les enfants sont couchés, qu'il est bon de retrouver un peu d'intimité ! Nos deux parents fatigués descendent l'escalier et se dirigent vers le salon. Leur félicité toute fraîche est troublée quand Pierre jette un coup d'œil vers la porte de la chambre d'Antoine, en haut de l'escalier : un peu de lumière filtre sous la porte. Antoine doit encore lire au lit en s'éclairant de sa lampe de poche. Pierre, indulgent, laisse faire : son garçon dormira plus tard demain matin.

L'ampoule à halogène

Au salon, Pierre et Sophie s'assoient côte à côte sur le divan. Pierre allume une lampe afin de finir de lire le journal pendant que Sophie consulte l'horaire de télévision. La lampe comporte une ampoule à halogène. Celle-ci, plus petite qu'une ampoule ordinaire, contient un gaz halogène, par exemple du chlore, du brome ou, plus souvent, de l'iode.

Même une ampoule ordinaire n'est pas vide et contient deux gaz, de l'argon et un peu d'azote. Ces deux gaz proviennent de l'atmosphère terrestre, qui comprend 79 % d'azote, 20 % d'oxygène et près de 1 % d'argon. C'est dire que de l'argon, Pierre en respire continuellement. Dans l'ampoule, ce gaz se trouve sous une pression égale à environ 80 % de la pression atmosphérique (quand l'ampoule est froide).

On utilise l'argon dans les ampoules ordinaires parce qu'il ralentit la déperdition de tungstène. En effet, comme tout solide chauffé, le filament s'évapore tranquillement. Les collisions avec les atomes d'argon renvoient sur le filament une certaine partie des atomes de tungstène évaporés. D'autres atomes de tungstène évaporés sont transportés par la convection de l'argon (les gaz chauds montent) vers la partie supérieure de l'ampoule. Le tungstène se dépose sur la paroi interne de l'ampoule, qui noircit à son sommet, ce qui réduit lentement la luminosité.

La lente évaporation du tungstène mène ultimement à la rupture du filament. Celui-ci n'est jamais parfaitement uniforme. Aux endroits où il est un peu plus mince, la résistance électrique est plus élevée : il y a moins d'électrons libres pour transporter le courant. En ces points, les électrons vont plus vite, subissent plus de collisions et transfèrent plus d'énergie aux atomes du fil : le filament est localement porté à une température plus élevée et s'évapore davantage. Quand une région devient très mince, le filament est susceptible de se rompre à tout moment.

Cela semble souvent se passer au moment où l'on allume – et où l'on est trop pressé pour changer d'ampoule ! Pourquoi en est-il ainsi ? C'est qu'à froid, avant d'allumer, le filament possède une résistance électrique plus faible que quand il est chaud. Au moment où l'on allume, le courant est donc à son maximum. Le filament se réchauffe et se dilate brutalement, ce qui l'affaiblit. De plus, les spirales du filament exercent des forces magnétiques les unes sur les autres et ces forces sont plus grandes quand le courant est élevé. Ce « stress » cause la rupture du filament.

L'ampoule à halogène, plus petite qu'une ampoule ordinaire, conserve davantage la chaleur (si l'ampoule à halogène est grosse, le filament est enfermé dans un tube de quartz). Le filament est ainsi porté à une température plus élevée (environ 3 000 °C) que dans une ampoule ordinaire.

Sans halogène, le filament s'userait rapidement. L'halogène capte le tungstène volatilisé et forme un composé halogène-tungstène à « basse » température, c'est-à-dire près de la face interne de l'ampoule. Ce composé diffuse dans l'ampoule et, à haute température, au contact du filament, se scinde. Le tungstène se réincorpore au filament et l'halogène retourne à l'état gazeux. La durée de vie de l'ampoule atteint ainsi environ 2 000 heures, comparativement à 1 000 heures pour une ampoule ordinaire, et le noircissement est moindre.

Grâce à la température élevée de son filament, l'ampoule à halogène présente des caractéristiques intéressantes. Elle émet une plus grande proportion de lumière visible qu'une ampoule ordinaire et le maximum du spectre émis se déplace vers le vert. La lumière émise contient plus de vert et de bleu que celle d'une ampoule ordinaire et s'apparente ainsi davantage à la lumière blanche. Elle n'est toutefois jamais aussi « blanche » que celle du Soleil : pour avoir une telle lumière, il faudrait chauffer le filament à une température égale à celle de la surface du Soleil, soit environ 5 500 °C !

Pierre ne s'en aperçoit pas, mais l'intensité lumineuse fournie par son ampoule n'est pas la même dans toutes les directions. Un point situé dans une direction perpendiculaire au filament reçoit de la lumière de tous les points du filament et en reçoit donc davantage (figure 9.1). Inversement, un point situé dans l'axe du filament reçoit jusqu'à 40 % moins de lumière. On ne se rend généralement pas compte de cette répartition inégale car la diffusion par le globe de l'ampoule et les réflexions sur les murs et les divers objets de la pièce répartissent la lumière plus uniformément.

Figure 9.1
La répartition de l'éclairage

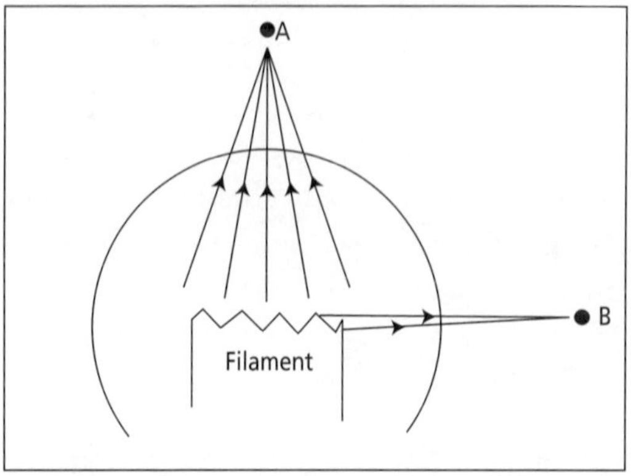

Une ampoule électrique n'éclaire pas uniformément. Le point A reçoit des rayons de toutes les parties du filament, ce qui n'est pas le cas du point B.

Allumettes et briquet

Sophie veut se gâter un peu en ce vendredi soir. Elle décide d'allumer un feu dans le poêle à combustion lente. Elle empile un peu de papier journal (ce qui est déconseillé à cause des résidus de combustion de l'encre qui vont se dégager) et du petit bois, non entassé, avant de sortir une allumette. Pour qu'un feu « prenne », il faut en effet un carburant (ici, le papier), de l'oxygène, présent dans l'air, et de la chaleur, fournie par la flamme d'une allumette.

Le papier doit être chauffé suffisamment pour atteindre sa température d'ignition et s'enflammer. Pourquoi utiliser du papier ? Parce qu'il est mince : il ne faut pas beaucoup de chaleur pour l'amener à sa température d'ignition. De plus, cette température est plus faible (environ 230 °C[1]) que celle du bois, qui varie de 260 à 480 °C, selon le type et la dimension du bois. Le feu sera « pris » quand les réactions chimiques associées à la flamme naissante dégageront assez d'énergie pour que la zone enflammée reste chaude malgré les pertes de chaleur dans l'espace environnant.

1. Soit 451 °F, d'où le titre du livre de Ray Bradbury dont François Truffaut a tiré un film, *Fahrenheit 451*. Dans cette histoire, des pompiers sont chargés de brûler des livres.

Sophie a la tâche plus simple que ses ancêtres. Elle n'a pas à frapper un objet de métal (briquet) sur une « pierre à fusil » pour en faire jaillir difficilement des étincelles qui devront aussi difficilement enflammer l'amadou constitué de champignons séchés ou de chiffons brûlés. Elle ne risque pas de brûlures comme ses aïeux du 19e siècle, qui trempaient dans de l'acide sulfurique des « allumettes » dont le bout était enduit de chlorate de potassium ($KClO_3$) et qui s'enflammaient au contact de l'acide. Cette réaction constitue encore le principe de base des… cocktails Molotov.

Non, Sophie dispose maintenant d'allumettes qu'on a d'abord qualifiées « d'allumettes de sûreté » pour indiquer à quel point elles étaient plus sécuritaires que celles décrites ci-dessus. Aujourd'hui, la tête des allumettes est recouverte d'un mélange qui contient plusieurs produits chimiques, comme le sulfure d'antimoine (Sb_2S_3), le chlorate de potassium, le dichromate de potassium ($K_2Cr_2O_7$), l'oxyde de zinc (ZnO), des composés de chrome, etc., mêlés à de la colle, un pigment et un agent épaississant, tel l'amidon. Les compositions exactes diffèrent d'un manufacturier à l'autre.

Sophie gratte une allumette sur le frottoir du paquet, surface rugueuse qui comprend un abrasif et du phosphore rouge. Le mélange dont est enduite la tête de l'allumette s'échauffe puis s'enflamme, certains composés réagissant entre eux ou avec l'oxygène de l'air.

Sophie aurait aussi pu utiliser un briquet contenant un mélange d'hydrocarbures sous pression. Quand on appuie sur le bouton, on ouvre une valve qui laisse passer la vapeur du combustible. Le bouton met simultanément en mouvement une roue d'acier abrasive qui frotte sur la pierre à briquet, un alliage de cérium et de fer. Le frottement de la roue chauffe et éjecte des particules de métal ; celles-ci s'oxydent rapidement au contact de l'air en dégageant de l'énergie, ce qui les rend incandescentes. Ces étincelles enflamment la vapeur combustible.

Le papier enflammé par le feu de l'allumette chauffe suffisamment les petits morceaux de bois pour que ceux-ci prennent feu à leur tour. Une grosse bûche ne « prendrait » pas, sa masse étant trop grande pour que quelques bouts de papier la chauffent suffisamment. Les petits bouts de bois, eux, ont un rapport surface-volume élevé ; autrement dit, leur surface est grande par rapport au volume et à la masse à chauffer. Ils prennent feu plus facilement et leur combustion fournira assez de chaleur pour enflammer la bûche que Sophie ajoutera un peu plus tard.

Feu et combustion

Pour le moment, Sophie est accroupie devant le feu et son regard se perd dans les flammes. Elle se détend et rêve. Devant elle, pourtant, il s'en passe des choses !

La combustion implique de très nombreuses réactions chimiques. Au sens strict, ce n'est pas le bois lui-même qui brûle mais ses sous-produits gazeux. D'abord, le bois se décompose sous l'effet de la chaleur de l'allumette ou du papier enflammé. Ses macromolécules, cellulose, hémicellulose et lignine, se fractionnent en petites molécules et en radicaux libres (petits groupes d'atomes très réactifs). Par exemple, la décomposition engendre de l'acide acétique, constituant du vinaigre, du méthane (CH_4), de l'éthane (C_2H_6), du méthanol (CH_3OH), de l'oxyde de carbone (CO), ainsi que des radicaux chimiques plus petits, H, OH, CH, etc. La plupart de ces composés réagissent ensuite entre eux et avec l'oxygène de l'air. La combustion produit ultimement du gaz carbonique (CO_2) et de l'eau (H_2O).

Le bois vert, qui peut contenir plus de 50 % d'eau, est plus difficile à brûler que du bois sec. L'eau améliore un peu la conduction de la chaleur dans le bois. Par contre, augmenter d'un degré la température d'un gramme d'eau requiert presque quatre fois plus d'énergie que pour un gramme de bois sec[2]. L'humidité du bois empêche ainsi sa température de grimper autant que cela serait possible s'il était sec et la combustion est en conséquence moins efficace. C'est pourquoi Sophie et Pierre achètent leur bois longtemps d'avance et le font bien sécher.

Le feu qu'a allumé Sophie réchauffe le salon mais pas nécessairement le reste de la maison. Une bonne partie de la chaleur est évacuée directement à l'extérieur par les gaz chauds montant dans la cheminée, où l'air est chaud et donc moins dense qu'à l'extérieur de la cheminée. Comme un morceau de bois dans l'eau, cet air chaud monte grâce à la force d'Archimède. Son évacuation ne fait pas diminuer la pression dans le poêle parce qu'en contrepartie, de l'air froid du salon s'engouffre dans le foyer et apporte de l'oxygène qui nourrit la combustion.

Dans une maison parfaitement hermétique, l'évacuation d'une partie de l'air par la cheminée amènerait la pression à diminuer à l'intérieur de la maison. Une telle réduction de pression diminuerait la force d'Archimède et finirait par empêcher l'air chaud de monter dans la cheminée. Le feu, ne recevant plus d'oxygène, s'éteindrait. Mais aucune maison n'est vraiment étanche. L'air de l'extérieur pénètre par des interstices dans les murs et autour des portes et des fenêtres. Cet air est froid ; ironiquement, la combustion dans le salon peut ainsi refroidir les pièces éloignées… et amener le chauffage central à fonctionner pour les réchauffer. De plus, l'air froid qui entre de l'extérieur contient très peu d'humidité et l'air de la maison devient donc plus sec.

2. Autrement dit, la chaleur spécifique de l'eau est quatre fois plus élevée que celle du bois sec.

Électrons et télévision

Pierre termine son journal. Il éteint sa lampe de lecture et va s'agenouiller près de Sophie pour regarder le feu, lui aussi. Après avoir bavardé un peu, ils décident de regarder la télévision.

Pierre s'empare de la télécommande. Dès qu'il appuie sur le bouton, un faisceau de radiation produit par une diode émettrice de lumière (DEL, en anglais LED, *light-emitting diode*) se répand dans le salon et atteint la télévision à la vitesse de la lumière. Pierre et Sophie ne voient pas ce faisceau car la télécommande émet des rayons infrarouges non perceptibles par l'œil humain, comme le rayonnement infrarouge que Sophie émettait dans la salle de bain (et qu'elle émet en tout temps, comme tout le monde).

L'enfoncement d'un bouton engendre une série d'impulsions longue d'environ un dixième de seconde. Chaque bouton émet la même longueur d'onde, mais selon une séquence d'impulsions différente. À l'avant de la télévision, un récepteur infrarouge capte ce signal et le traduit en courants électriques envoyés à d'autres parties de l'appareil.

Si, dans le salon, le feu de bois ramène Pierre et Sophie à la préhistoire, la télévision met en évidence l'explosion technologique de la dernière moitié du 20e siècle. L'électron, dont le rôle est omniprésent en télévision, a été découvert en 1897. Moins de 40 ans plus tard, en 1936, la BBC britannique commençait à diffuser des émissions de télévision en noir et blanc !

En mettant l'appareil en marche, Pierre fait passer un courant dans trois filaments chauffants situés à l'arrière de l'appareil. Ces filaments sont les premiers éléments de ce qu'on appelle des « canons à électrons ». Dans un téléviseur couleur ou un moniteur d'ordinateur, il y a trois canons à électrons mais, pour simplifier les choses, analysons d'abord le fonctionnement du téléviseur noir et blanc, qui ne comporte qu'un seul canon à électrons.

Ce canon émet et expédie un faisceau d'électrons vers l'écran situé à l'avant de l'appareil. C'est ce faisceau qui, en balayant l'écran, reconstituera une image. L'arrière de l'écran est recouvert d'une mince couche de matériaux fluorescents, les luminophores. Excitées par des électrons arrivant à grande vitesse, les molécules fluorescentes se désexcitent en émettant de la lumière, ce qui rend l'écran brillant aux endroits où il a été frappé par des électrons.

Pour créer une image complète, le faisceau d'électrons balaie l'écran ligne par ligne, comme l'œil balaie un texte quand on lit. En Amérique du Nord et au Japon, quelle que soit sa hauteur, un écran comporte 525 lignes (dont 485 servent à afficher l'image) ; en Europe, c'est 625 lignes. Ces normes différentes résultent de l'absence de coordination lors du développement et de l'introduction de la télévision dans divers pays. C'est comme pour le système métrique et le système de mesures anglaises, ou la conduite à droite ou à gauche…

Pour reproduire une scène animée, il faut constamment faire apparaître de nouvelles images, à intervalles très brefs pour que le mouvement n'apparaisse pas saccadé.

Expérience : Le cercle qui devient une ligne

Dans une pièce sombre, dirigez le faisceau d'une lampe de poche sur le mur. Bougez la lampe de gauche à droite le plus vite possible. Que voyez-vous sur le mur ?

On observe une ligne lumineuse même s'il n'y a qu'un faisceau de lumière. C'est un effet de la « persistance rétinienne » de l'œil : quand la rétine est stimulée par la lumière, l'activité de ses neurones ne s'arrête pas dès que la lumière disparaît, mais persiste pendant environ un dixième de seconde. Si le faisceau de lumière repasse sur le mur en moins de 0,1 seconde, le cerveau voit donc une ligne lumineuse continue.

L'œil perçoit les images télévisées sans clignotement si l'écran présente plus de 40 images par seconde. Au cinéma, par exemple, le film avance de 24 images par seconde mais le projecteur éclaire chaque image deux fois : le spectateur voit ainsi 48 images par seconde. Avec la télévision, pour des raisons de simplicité technique, le balayage se fait à la fréquence du courant, soit 60 hertz (60 fois par seconde) en Amérique du Nord et 50 hertz en Europe.

Expérience : L'image incomplète

Vous pouvez vérifier facilement que l'image n'est pas engendrée en bloc. Prenez un carton mince et découpez-y une fente large d'environ un millimètre et longue de quelques centimètres. Placez la fente à l'horizontale et bougez le carton de haut en bas, en variant la vitesse et tout en regardant la télévision allumée à travers la fente.

Vous verrez une ou des bandes noires à peu près horizontales sur l'écran. Et plus vous bougerez le carton vite, plus les bandes brillantes rétréciront en hauteur. En effet, plus le temps durant lequel on voit l'écran est court, plus la portion de l'écran frappée par des électrons durant ce temps est petite. Si les bandes semblent se déplacer, c'est que le mouvement du carton n'est pas synchronisé avec la vitesse de balayage de la télévision.

Revenons à notre canon à électrons (figure 9.2). Le filament incandescent situé à l'arrière chauffe un cylindre de métal chargé négativement, la cathode. À haute température, plusieurs électrons de la cathode acquièrent assez d'énergie pour sortir du matériau. Ils sont alors attirés et accélérés par l'anode, une électrode chargée positivement.

Figure 9.2
Schéma en coupe d'un canon à électrons

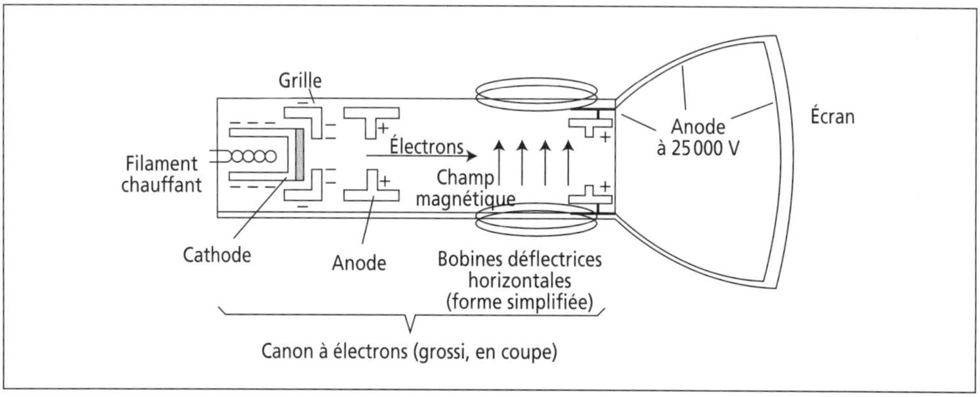

L'écran n'est pas à l'échelle : en réalité, il est beaucoup plus grand que le canon à électrons. Les bobines déflectrices verticales ont été omises pour la clarté du schéma. Les flèches verticales représentent le champ magnétique produit par les bobines déflectrices horizontales.

La tension appliquée à la cathode dépend du signal télé capté par l'antenne de la télévision. Les circuits électroniques de la télé décodent et amplifient le signal puis appliquent à la cathode cette tension variable. Le signal contrôle ainsi le flux d'électrons et la brillance de chaque point de l'écran frappé par les électrons. La commande « contraste » fait varier l'amplitude de la tension variable. En augmentant cette amplitude, on fait arriver plus d'électrons aux endroits brillants et moins aux endroits sombres de l'écran.

En quittant la cathode, les électrons doivent franchir une barrière, la grille, constituée d'un cylindre percé d'un trou au centre. Quand la tension électrique de la grille est plus négative que celle de la cathode, les électrons qu'émet celle-ci lui reviennent, repoussés par la charge négative de la grille. Quand cette tension devient moins négative, de plus en plus d'électrons passent par le trou et se dirigent vers l'écran. Lorsque Pierre tourne le bouton « luminosité » (*brightness*) de sa télévision, il modifie la tension continue appliquée à la grille et donc le flux moyen d'électrons.

Après l'anode, le faisceau d'électrons passe entre des électrodes de focalisation (non illustrées), puis entre deux paires de bobines déflectrices. Celle-ci, grâce aux champs magnétiques qu'elles produisent, orientent les électrons vers les différents points de l'écran. Ces champs magnétiques sont de même nature que ceux d'un aimant.

Par exemple, le courant passant dans les bobines placées horizontalement engendre un champ magnétique vertical (illustré) et une force horizontale sur les électrons. Ce courant, produit par les circuits électroniques de la télé, varie en dents de scie. Quand il augmente, la force magnétique augmente aussi et dirige le faisceau d'électrons de gauche à droite sur l'écran. Quand le courant diminue rapidement, le faisceau retourne vite à gauche, puis ça recommence. Lors du retour du faisceau, la grille bloque tous les électrons et le retour à gauche n'est pas perceptible à l'écran. Les bobines placées verticalement (non illustrées), elles, engendrent le balayage vertical.

Les électrons foncent vers l'écran à travers le tube écran, dans lequel le manufacturier a fait le vide. La paroi de verre du tube écran est très épaisse, plus de 6 millimètres, afin de résister à la pression extérieure.

Pythagore et la télé

Dans le commerce, la dimension d'un écran est décrite par la longueur de sa diagonale. Cela est possible parce que le rapport de la largeur sur la hauteur, soit de 4 à 3, est le même pour tous les récepteurs. À l'époque où la télé a été mise au point, on a adopté ce rapport parce que c'était celui des écrans de cinéma d'alors. Aujourd'hui, un écran de 50 centimètres mesure donc 40 × 30 centimètres, comme l'impose le théorème de Pythagore, selon lequel le carré de l'hypoténuse est égal à la somme des carrés des côtés d'un triangle rectangle ($c^2 = a^2 + b^2$).

Pour que les électrons, en arrivant sur la face interne de l'écran, excitent beaucoup de molécules fluorescentes et produisent assez de lumière, il faut les accélérer. Une anode située à la sortie du canon à électrons et une couche conductrice à l'intérieur du tube écran sont portées à 25000 volts (pour les télés couleur) dans ce but. Avec ces 25000 volts, les électrons accélèrent jusqu'à une vitesse de 10^8 mètres par seconde, proche de celle de la lumière (3×10^8 m/s). Sans s'en douter, Pierre et Sophie hébergent un accélérateur de particules dans leur salon.

Dans une télé noir et blanc, il n'existe qu'un type de luminophores. Pour qu'une télé couleur arrive à reproduire les couleurs, on utilise trois types de luminophores, chaque type émettant une gamme de longueurs d'onde centrée sur le bleu, le vert ou le rouge. La combinaison de faisceaux lumineux de ces trois couleurs primaires[3] permet de synthétiser toutes les autres couleurs. Par exemple, si seuls les luminophores verts et rouges sont excités dans une région de l'écran, cette région apparaît jaune.

Les points de luminophores, larges d'environ 0,3 millimètre, sont généralement disposés en triangles, sauf pour le système Trinitron, qui utilise des bandes verticales. Une télé couleur comprend trois canons à électrons, qui tous trois émettent simultanément vers le même point de l'écran des faisceaux d'électrons d'intensités différentes. Pour que chaque faisceau n'excite que les luminophores associés, un masque perforé de trous est installé derrière l'écran (figure 9.3). De l'extérieur, on distingue très bien les trous du masque au moyen d'une loupe.

Figure 9.3
Masque et luminophores de la télé couleur

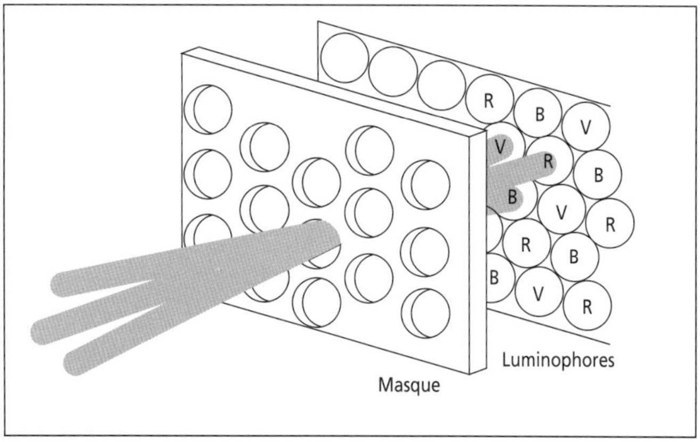

Les points de luminophores, bleus, verts ou rouges, sont généralement disposés en triangle. Les trous du masque assurent qu'un faisceau d'électrons n'atteigne que les points de luminophores de la bonne couleur.

Pour respecter les gammes d'ondes électromagnétiques allouées à la télévision, il a fallu adopter le balayage entrelacé afin de réduire la quantité d'information que le signal télé doit transporter. Le faisceau d'électrons balaie ainsi *une ligne sur deux*, de haut en bas de l'écran, durant 1/60 de seconde (1/50 de seconde en Europe), remonte puis balaie les autres lignes durant le 1/60 de seconde suivant. L'écran présente ainsi à l'œil 60 (ou 50 en Europe) demi-images différentes par seconde, ce qui évite le clignotement.

3. Vous avez appris à l'école que les couleurs primaires sont le rouge, le jaune et le bleu ? Ces couleurs primaires (plus exactement le magenta, le jaune et le cyan) permettent effectivement de reconstituer d'autres couleurs, mais en combinant des encres, des peintures ou des filtres, et non pas des faisceaux de lumière.

Cette information vidéo est incorporée dans le signal d'une chaîne télé en modulant (variant) l'amplitude d'une onde porteuse, comme pour la radio en modulation d'amplitude. Le signal télé complet comporte aussi la couleur, le son et les instructions de contrôle du balayage de l'écran.

Les bûches solidaires

Pendant que Sophie et Pierre suivent avec intérêt leur émission, dans le poêle une des deux bûches tombe et se retrouve à l'écart de l'autre. Quelques minutes plus tard, le feu est presque éteint. C'est parce que, dans le feu comme dans bien d'autres choses, le travail d'équipe est essentiel.

La majeure partie de l'énergie qu'une bûche dégage en brûlant s'éloigne d'elle, sous forme de particules, de gaz chauds ou de rayons infrarouges. Si la bûche est isolée, la température du bois peut ainsi descendre sous la température d'ignition. La flamme n'est alors plus alimentée par des gaz inflammables provenant de l'intérieur de la bûche et s'éteint. Par contre, des bûches entassées restent plus chaudes car elles captent les rayons infrarouges émis par leurs voisines ou sont chauffées par les gaz produits par celles-ci.

Tout feu tout flamme

Sophie et Pierre ne se préoccupent plus du feu… ou du moins, pas de celui qui décline dans le poêle. Ça commence innocemment: Sophie tend la main et caresse le cou de Pierre. Divers récepteurs sensoriels situés dans la peau de ce dernier réagissent à la légère pression et produisent des influx nerveux, qui sont ensuite acheminés au cerveau. Le fonctionnement de ces récepteurs est encore mal connu: il semble que la pression déforme la membrane des neurones, ce qui modifierait le passage des ions à travers la membrane et générerait ainsi un courant électrique, l'influx nerveux. Les récepteurs du toucher sont davantage concentrés sur le bout des doigts, les lèvres et les muqueuses, et dans des zones érogènes, comme les mamelons, les fesses et l'intérieur des cuisses.

Touché, Pierre se colle davantage sur Sophie, entrouvre ses muscles orbiculaires et les applique sur ceux de son amoureuse – c'est-à-dire qu'il embrasse Sophie. Le baiser dépasse le simple bisou affectueux. Les deux amants s'enlacent. Leur pression sanguine augmente, leur pouls et leur rythme respiratoire accélèrent, leurs pupilles se dilatent. Pierre arrête la télé et propose à Sophie de s'esquiver dans la chambre, au cas où l'un des enfants se relèverait.

Quelques secondes après avoir refermé la porte derrière eux, Sophie et Pierre sont sur le lit, dévêtus. Leur nudité met d'autres effets physiologiques en évidence. Les seins de Sophie gonflent et ses mamelons durcissent. Richement innervés, ceux-ci constituent une zone fort érogène – tout comme ceux de Pierre, d'ailleurs. Pourquoi celui-ci a-t-il des mamelons ? En fait, l'homme a aussi des glandes mammaires mais comme ces glandes ne se développent qu'en présence d'œstrogènes, elles restent non fonctionnelles. Mais un homme peut aussi souffrir d'un cancer du sein !

Un autre signe d'excitation apparaît chez Sophie : la lubrification du vagin. En temps normal, l'intérieur du vagin est relativement acide ; on y retrouve en particulier de l'acide acétique, constituant du vinaigre, et de l'acide lactique. Le liquide qui lubrifie le vagin de Sophie, quand elle est excitée, exsude des capillaires dilatés des muqueuses vaginales. Légèrement basique, il diminue l'acidité du vagin de façon à faciliter la survie et le mouvement des spermatozoïdes. En plus de rendre un éventuel coït plus agréable, la lubrification augmente donc les chances de fécondation.

Pendant que Sophie et Pierre continuent à se caresser et à s'embrasser sur tout le corps, d'autres signes d'excitation apparaissent. Les testicules de Pierre se rapprochent de son corps. Le vagin de Sophie s'allonge et s'élargit, ses petites lèvres grossissent et s'entrouvrent. Son clitoris gonfle et durcit en se remplissant de sang, tout comme le pénis de Pierre.

Dans le pénis, les petites artères se dilatent, ce qui permet l'arrivée d'une plus grande quantité de sang. Ce sang s'accumule dans des tissus ressemblant à une éponge, les corps caverneux ; le pénis s'engorge, grossit et durcit. Le processus est hydraulique, pas musculaire ! D'ailleurs, la dilatation des artères est sous le contrôle du système nerveux autonome et l'érection est difficilement contrôlable consciemment.

Pierre et Sophie éprouvent de plus en plus de désir. Leur excitation et leur tension sexuelle augmentent : cette phase de « plateau » constitue la préparation à l'orgasme.

Chez Pierre, quelques secondes ou quelques minutes avant l'éjaculation, des gouttelettes sortent du pénis. Ce fluide clair provient des glandes de Cowper, situées sous la prostate ; il neutralise l'acidité de l'urètre et, éventuellement, du vagin. Auparavant, on croyait qu'il pouvait contenir assez de spermatozoïdes pour rendre très aléatoire la contraception au moyen du « coït interrompu », mais des études assez récentes semblent contredire cette croyance. Cependant, chez des hommes séropositifs, le liquide prééjaculatoire peut contenir des globules blancs infectés par le virus du sida.

Sophie et Pierre approchent du grand moment. L'orgasme reste très difficile à décrire (« une explosion », « un grand frisson ») et à étudier scientifiquement, à cause de sa brièveté et de son intensité. Physiologiquement, l'orgasme consiste en une série de contractions musculaires rapprochées, accompagnées d'une sensation de plaisir intense partant des organes génitaux et se répandant dans tout le corps. Le plaisir n'est pas seulement génital : plusieurs femmes ont un orgasme sans avoir de contractions et des hommes jouissent parfois sans éjaculer. Même des paraplégiques, ou des personnes dont les parties génitales ont été amputées, peuvent avoir une sensation de plaisir intense analogue à l'orgasme. Avant tout, l'orgasme est l'affaire du cerveau, surtout du système limbique, le centre du plaisir. Ce qui conforte le cinéaste Woody Allen et son fameux « My brain ! It's my second favourite organ ! ».

Au moment où Sophie jouit, des contractions rythmées, dans la région génitale et parfois même dans l'utérus, se suivent au nombre de 5 à 15 à des intervalles de moins d'une seconde. Simultanément, Sophie « éjacule » dans son vagin un fluide dont l'origine est encore controversée. Certaines femmes n'ont pas connaissance du phénomène, mais ce peut être une question de quantité. Lors de l'orgasme, le rythme cardiaque de Sophie peut atteindre 180 battements par minute et sa pression sanguine, normalement égale à 120 millimètres de mercure, peut dépasser 200 millimètres.

Chez Pierre, l'histoire a en fait commencé deux mois plus tôt : c'est le temps de formation, dans les testicules, des spermatozoïdes qui seront bientôt expulsés. Les spermatozoïdes se forment dans les testicules après plusieurs divisions cellulaires, une longue maturation et la croissance d'une queue servant à la propulsion. Longs d'environ 60 micromètres, ce qui correspond au diamètre d'un cheveu, les spermatozoïdes sont emmagasinés dans l'épididyme, un canal de 4 à 6 mètres de longueur replié sur lui-même dans le scrotum.

Les spermatozoïdes constituent moins de 1 % du sperme ; le reste du liquide est ajouté lors du parcours vers la sortie. Quand l'éjaculation se prépare, les muscles entourant les épipidymes se contractent et poussent les spermatozoïdes dans les canaux déférents, des tubes qui montent dans l'abdomen. Plus loin s'y joignent des affluents venant des vésicules séminales, dont le liquide constitue environ 60 % du sperme. Le liquide séminal contient du fructose, un sucre, qui servira de carburant aux spermatozoïdes éjaculés. Minuscules, les spermatozoïdes n'ont presque pas de réserves énergétiques autonomes.

Les canaux déférents se jettent dans l'urètre de Pierre, le canal qui vient de la vessie et passe dans le pénis. Un sphincter situé près de la vessie contrôle le passage de l'urine dans l'urètre ; pendant l'érection, ce sphincter est verrouillé, ce qui empêche l'urine de se mêler au sperme et le sperme de passer dans la vessie.

La prostate de Pierre déverse aussi son petit fluide dans l'urètre. Le cocktail final contient généralement de 50 à 100 millions de spermatozoïdes par millilitre. Cette concentration augmente avec la durée de l'abstinence sexuelle et peut grimper jusqu'à 250 millions par millilitre.

L'éjaculation, comme l'érection, résulte de l'action du système nerveux autonome (involontaire). Le sperme progresse par péristaltisme, grâce à la contraction coordonnée des organes et des muscles entourant les canaux empruntés, comme le fait la nourriture dans l'œsophage ou dans l'intestin. Le résultat est l'éjection, à quelques kilomètres-heure, en trois ou quatre jets, d'environ 4 millilitres de sperme contenant quelques centaines de millions de spermatozoïdes.

Des scientifiques ont déterminé que, chez les couples qui font l'amour sans condom, environ la moitié du sperme finit par se retrouver sur les draps et sur le matelas. C'est un des aliments préférés des acariens, ces petits arachnides (classe d'invertébrés dont font aussi partie les araignées) longs d'un dixième de millimètre vivant dans nos lits et ailleurs dans nos maisons. Les acariens peuvent causer des allergies et de l'asthme chez les personnes sensibles.

Après l'orgasme, Pierre et Sophie continuent un peu à se caresser. Si la stimulation continuait assez longtemps, Sophie pourrait connaître un ou quelques autres orgasmes. Pierre, lui, entame sa période réfractaire, durant laquelle l'érection et l'orgasme se produisent difficilement. Pour pouvoir recommencer, Pierre devra attendre jusqu'à une demi-heure ; quand il était plus jeune, ça ne prenait que quelques minutes.

Mais ce n'est pas ce qui se passera ce soir. Sophie et Pierre, assouvis, détendus et heureux, se pelotonnent et s'endorment l'un contre l'autre. C'est la fin d'une longue journée bien remplie.

Glossaire

Si la définition donnée ici semble insuffisante, il peut être utile, pour mieux s'y retrouver, de consulter l'index et de lire les passages renvoyant à une notion scientifique donnée.

Acide: composé chimique qui peut libérer ou transférer un ion hydrogène (H^+) à un autre composé. (Il existe une autre définition, plus fondamentale, mais celle-ci nous suffit ici.) Les formules chimiques des acides chlorhydrique et sulfurique sont HCl et H_2SO_4.

Acide aminé: composé chimique dont les molécules portent à la fois un groupe carboxyle (COOH) et un groupe amine (NH_2). Les protéines sont formées d'acides aminés.

Acide gras: molécule constituée d'une chaîne d'atomes de carbone et d'hydrogène se terminant par un groupement COOH. Une molécule de gras, ou triglycéride, résulte de la réaction du glycérol avec trois acides gras. Une molécule de savon est constituée d'un acide gras lié à un ion de sodium (Na^+) ou de potassium (K^+) positif.

Acide nucléique: longue molécule (ADN, ARN) portant le code génétique dans les cellules vivantes.

Alcool: composé chimique constitué d'atomes de carbone et d'hydrogène et comportant un ou plusieurs groupes fonctionnels hydroxydes (OH), liés à des atomes de carbone. L'alcool le plus simple est le méthanol, CH_3OH; l'alcool des boissons alcooliques est l'éthanol, C_2H_5OH.

Ampère (A): unité de courant électrique. Typiquement, le courant qui circule dans le filament de l'ampoule d'une petite lampe de poche vaut un ampère; le courant passant dans les éléments d'un grille-pain vaut 10 ampères.

Atome: particule d'un élément chimique. Les atomes sont eux-mêmes constitués de particules encore plus petites, les électrons, les protons et les neutrons. Lors de réactions chimiques, les atomes restent intacts mais se combinent différemment.

Bar: unité de pression. Un bar vaut 10^5 pascals et correspond à peu près à la pression atmosphérique moyenne.

Base: substance fournissant des ions hydroxydes, OH^-. Selon une définition plus générale et plus moderne, une base capte des ions H^+. Une base réagit avec un acide (qui libère un ion hydrogène, H^+), ce qui génère de l'eau (H_2O) et un sel. Par exemple, l'hydroxyde de sodium, NaOH, réagit avec l'acide chlorhydrique, HCl; le réarrangement des liaisons donne du sel de table, NaCl, et de l'eau.

Catalyseur: substance qui permet ou accélère une réaction chimique sans être elle-même transformée dans cette réaction.

Cellulose: principal constituant des végétaux. La cellulose assure l'existence de parois cellulaires rigides et de tissus ligneux, comme le bois. Une molécule de cellulose est un polymère de glucose (un sucre simple), c'est-à-dire une longue chaîne de molécules de glucose liées les unes à la suite des autres.

Chaleur spécifique: quantité d'énergie que doit céder ou gagner une quantité donnée (généralement un gramme) d'une substance pour que sa température diminue ou augmente de 1 °C.

Champ électrique: état de l'environnement qui influe sur toutes les particules ayant une charge électrique. Une particule chargée se trouvant dans un champ subit une force électrique.

Charge électrique: propriété d'une particule qui lui fait produire et subir des effets électriques (et magnétiques).

Courant électrique: déplacement global de charges électriques dans une direction donnée. Dans un fil métallique, le courant électrique résulte du mouvement des électrons libres soumis à un champ électrique.

Décharge électrique: courant d'électrons ou d'ions passant à travers un gaz, comme dans un tube fluorescent. Les étincelles et les éclairs sont d'autres exemples de décharges électriques.

Détergent: composé surfactif qui nettoie efficacement grâce à sa structure chimique. Celle-ci comporte une partie hydrophile et une partie hydrophobe, ce qui assure une liaison entre l'eau et les corps gras.

Effet Joule: phénomène par lequel un conducteur s'échauffe quand un courant électrique y passe.

Électrode: conducteur par où le courant arrive ou sort d'un milieu ou d'un dispositif donné. Une pile électrique, par exemple, comporte une électrode positive et une électrode négative.

Électron: très petite particule de charge électrique négative tournant autour du noyau positif dans un atome.

Émulsifiant: substance qui facilite et stabilise le mélange de composés qui ne se dissolvent pas l'un dans l'autre, comme l'eau et l'huile.

Énergie: propriété physique d'un système qui le rend capable d'une action sur lui-même ou sur son environnement. Il existe différentes formes d'énergie: cinétique (liée au mouvement), potentielle (pouvant produire un mouvement), électrique, chimique, nucléaire, lumineuse, etc. L'énergie totale (d'un système isolé) est constante; il ne peut y avoir que des transferts entre les différentes formes d'énergie.

Enzyme: protéine qui active (catalyse) ou facilite une réaction chimique spécifique, comme les réactions impliquées dans la digestion.

Excité: se dit d'un atome ou d'une molécule qui a plus d'énergie qu'à l'ordinaire. Généralement, l'atome ou la molécule retourne à son état habituel en émettant l'énergie excédentaire sous forme de rayonnement.

Fluorescence: processus par lequel les atomes d'un composé chimique absorbent un rayonnement puis réémettent un autre rayonnement de moins grande énergie. Par exemple, les substances se trouvant à l'intérieur de la paroi d'un tube fluorescent absorbent les rayons ultraviolets émis par la décharge électrique et réémettent de la lumière visible et des rayons infrarouges.

Force d'Archimède: force dirigée vers le haut qui s'exerce sur tout objet dans l'air ou dans un autre fluide. La force d'Archimède résulte de la présence de la gravité, qui fait que la pression diminue avec l'altitude. Un morceau de bois dans l'eau flotte parce que son poids, dirigé vers le bas, est plus faible que la force d'Archimède, dirigée vers le haut.

Force électrique: une des forces fondamentales de la nature. La force électrique s'exerce entre des particules possédant une charge électrique.

Fréquence: rythme auquel un processus se répète; nombre de cycles par unité de temps. L'unité de la fréquence est le hertz.

Gaz carbonique (CO_2): molécule formée d'un atome de carbone et de deux atomes d'oxygène. Le métabolisme de toutes les cellules vivantes produit du CO_2, qui est libéré grâce à la respiration. La combustion de matériaux organiques (bois, pétrole) ou de charbon produit aussi du gaz carbonique qui s'accumule dans l'atmosphère, donnant lieu à une augmentation de l'effet de serre.

Gel: substance constituée d'un liquide dispersé dans une phase solide, généralement composée de longues molécules liées et enchevêtrées. Parmi les exemples de gels présentés dans ce livre, citons le yaourt, les œufs cuits, les gelées aromatisées, les gelées de canneberges, de fruits, etc.

Glucide: composé formé de carbone, d'oxygène et d'hydrogène. On appelle aussi les glucides « hydrates de carbone », car la formule chimique de plusieurs d'entre eux se rapproche de $C_n(H_2O)_m$, comme si les molécules étaient formées d'atomes de carbone auxquels se seraient liées des molécules d'eau (H_2O). Les sucres sont de petits glucides, comme le glucose ($C_6H_{12}O_6$) et le saccharose ($C_{12}H_{22}O_{11}$), ou sucre de table. Les glucides complexes, comme l'amidon et la cellulose, ne sont pas des sucres au sens strict du terme.

Glucose: glucide simple, de formule chimique $C_6H_{12}O_6$, très répandu dans la nature. Le glucose est le premier glucide formé lors de la photosynthèse. Il est la source d'énergie la plus importante des organismes vivants.

Groupe (fonctionnel): ensemble d'atomes liés par des liaisons covalentes, associé à une molécule plus grande, qui présente des propriétés et un comportement chimique définis. Par exemple, les alcools comportent un groupe hydroxyde (OH).

Hertz (Hz): unité de fréquence. Un hertz correspond à un cycle par seconde, à une oscillation par seconde. Une onde radio de 85 kilohertz est constituée de champs électriques et magnétiques oscillant 85 000 fois par seconde. Captée par une antenne, elle induit un courant électrique oscillant aussi 85 000 fois par seconde.

Incandescence: état d'un corps chauffé suffisamment pour être rendu lumineux.

Influx nerveux: courant électrique se propageant dans les nerfs par suite de l'excitation d'une terminaison nerveuse. Ce courant résulte du transfert d'ions chargés à travers la membrane cellulaire des neurones (et non d'un mouvement d'électrons comme dans un fil électrique).

Infrarouges (rayons): gamme d'ondes électromagnétiques non perçues par l'œil humain et d'énergie inférieure à celle de la lumière visible. Les longueurs d'onde des infrarouges varient de 0,0007 à 1 millimètre. La transmission de rayons infrarouges correspond à un transfert de chaleur.

Ion: atome possédant une charge électrique parce que le nombre de ses électrons est inférieur ou supérieur au nombre de protons de son noyau. Un atome ordinaire, électriquement neutre, comporte autant d'électrons que de protons.

Joule (J): unité d'énergie et de chaleur. Un joule correspond à peu près à l'énergie fournie à une tablette de chocolat de 100 grammes que l'on élève d'un mètre, ce qui n'est pas beaucoup. Au repos, un être humain dépense environ 100 joules par seconde pour son métabolisme. Une balle de baseball lancée par un professionnel arrive au marbre avec une énergie d'environ 230 joules.

Kilojoule (KJ): unité d'énergie valant 1 000 joules, surtout utilisée en nutrition. Un adulte absorbe et dépense environ 9 000 kilojoules par jour.

Laser: dispositif produisant une radiation de longueur d'onde précise et dont les ondes sont synchronisées entre elles (au contraire de la lumière produite par une ampoule électrique, par exemple, qui est désordonnée et qui contient toute une gamme de longueurs d'onde).

Levier: dispositif tournant autour d'un point fixe (le pivot) et permettant de diminuer ou d'augmenter la grandeur de la force à appliquer. Voir la figure 7.2, au début du chapitre 7, et le paragraphe correspondant.

Liaison chimique: attraction entre atomes ou molécules, stable (liaisons covalentes, ioniques, métalliques) ou temporaire (liaisons hydrogène, de Van der Waals). Toutes les liaisons existent grâce à la force électrique entre particules chargées.

Liaison covalente: liaison forte qui se forme entre deux atomes quand ils partagent une paire d'électrons, ce qui réduit la répulsion électrique des noyaux.

Liaison double: liaison entre deux atomes qui partagent deux paires d'électrons.

Liaison hydrogène: liaison chimique faible qui résulte de l'attraction entre un atome d'hydrogène faisant partie d'une molécule et un atome d'oxygène, d'azote ou de fluor d'une autre molécule (ou d'une autre partie de la première molécule).

Liaison ionique: liaison chimique qui résulte de l'attraction électrique entre des ions ou des portions de molécules de charges opposées. Le sel de table (NaCl) est stable grâce à la liaison ionique entre des ions de sodium positifs (Na^+) et des ions de chlore négatifs (Cl^-).

Lipides : constituants des végétaux et des animaux insolubles dans l'eau mais solubles dans des solvants non polaires, comme l'éther. Les triglycérides (gras) sont des lipides mais tous les lipides ne sont pas des triglycérides. Quelques exemples d'autres lipides : mono et diglycérides, cires, stéroïdes (dont le cholestérol), phospholipides, etc.

Longueur d'onde : distance entre deux maximums d'une onde (comme la distance entre deux crêtes successives à la surface de l'eau).

Lumière visible : gamme d'ondes électromagnétiques perceptibles par l'œil humain. Les longueurs d'onde de la lumière visible varient de 400 nanomètres (lumière violette) à 700 nanomètres (lumière rouge).

Membrane cellulaire : cloison semi-perméable entourant une cellule. La membrane, fluide mais stable, est constituée de lipides et de protéines.

Molécule : assemblage d'atomes liés ensemble par des forces électriques. Par exemple, la molécule d'eau, dont le symbole chimique est H_2O, comporte deux atomes d'hydrogène (H) et un atome d'oxygène (O).

Nanomètre (nm) : unité de longueur valant un milliardième de mètre (10^{-9} mètre). La longueur d'onde de la radiation verte vaut environ 500 nanomètres ou 0,0005 millimètres.

Noyau : partie centrale, très petite, d'un atome. Le noyau est constitué de protons et de neutrons et possède une charge électrique positive.

Ondes électromagnétiques : ondes constituées de champs électrique et magnétique oscillants qui se propagent dans l'espace, y compris dans le vide. Les ondes radio, les micro-ondes, les rayons infrarouges, la lumière visible, les rayons ultraviolets, les rayons X et les rayons gamma sont tous des ondes électromagnétiques ; c'est leur énergie, leur longueur d'onde et leur fréquence qui les différencient.

Pascal (Pa) : voir la définition de « pression ».

Photosynthèse : processus qui utilise la lumière (le préfixe grec *phôtos* signifie « lumière ») pour synthétiser des glucides à partir d'eau et de gaz carbonique. L'énergie lumineuse est ainsi stockée sous forme d'énergie chimique.

Polaire (molécule) : état d'une molécule ou d'un groupe d'atomes dans lequel il existe un déséquilibre permanent dans la répartition des charges parce que des atomes attirent davantage les électrons que d'autres. L'exemple le plus important de molécule polaire est la molécule d'eau, dans laquelle l'oxygène acquiert une charge légèrement négative et les atomes d'hydrogène sont légèrement positifs.

Polymère : longue molécule formée par la liaison bout à bout de plus petites molécules appelées monomères.

Pression : force agissant sur une surface divisée par la grandeur de la surface sur laquelle la force agit. La pression peut être exercée par un gaz, un fluide ou un solide dont les atomes ou molécules entrent en contact avec la surface considérée. Les unités courantes de pression sont le pascal (Pa), le bar ou l'atmosphère (atm). Un pascal correspond à une force de 1 newton (N) appliquée sur une surface de 1 mètre carré. Un bar vaut 10^5 pascals et une atmosphère, égale à la pression atmosphérique moyenne, juste un peu plus : $1{,}01 \times 10^5$ pascals, ou 101 kilopascals.

Protéine : grosse molécule constituée de milliers d'acides aminés. Les protéines sont présentes chez tous les êtres vivants et sont les principaux constituants des tissus, tels les muscles, les organes ou la peau. Elles jouent aussi un rôle majeur dans le métabolisme.

Proton : particule élémentaire présente dans le noyau des atomes et portant une charge électrique positive.

Puissance : taux de production ou de consommation de l'énergie. La puissance est exprimée en watts (W) ; 1 watt correspond à une énergie de 1 joule produite ou consommée en 1 seconde.

Résistance électrique : résistance qu'oppose un corps au passage du courant électrique. Le passage du courant dans une résistance dégage de la chaleur (effet Joule).

Sel : en chimie, un sel est un composé formé par la réaction d'un acide et d'une base. Le sel de table, ou chlorure de sodium (NaCl), peut par exemple se former par la réaction d'acide chlorhydrique (HCl) avec de l'hydroxyde de sodium (NaOH), qui est une base.

Semiconducteur : matériau qui conduit l'électricité moins bien qu'un métal mais mieux qu'un isolant. La plupart des dispositifs électroniques comportent des semiconducteurs, par exemple en silicium.

Sucre : petit glucide, tel le glucose ($C_6H_{12}O_6$) ou le saccharose ($C_{12}H_{22}O_{11}$), notre sucre de table. On appelle parfois « sucres complexes » les gros glucides, comme l'amidon ou la cellulose, qui ne sont pas des sucres à proprement parler.

Surfactif : substance qui s'accumule à une interface et en change les propriétés. Les savons et les détergents sont des surfactifs qui assurent la liaison entre l'eau et les graisses. D'autres surfactifs sont utilisés pour maintenir la stabilité (l'émulsion) de mélanges contenant de l'eau et des lipides.

Tension électrique : énergie nécessaire pour faire passer une charge électrique d'un endroit à un autre, divisée par la valeur de la charge. Plus la tension est élevée, plus le courant électrique dans un circuit ou un appareil donné sera grand. La tension, aussi appelée différence de potentiel ou voltage, est mesurée en volts (V). La tension aux bornes d'une pile électrique ordinaire est de 1,5 volt.

Tension superficielle : force due à l'attraction entre atomes et molécules qui s'exerce à la surface d'un fluide et assure sa cohésion. À cause de la tension superficielle, on dit parfois que la surface d'un fluide se comporte comme une membrane élastique.

Triglycérides : constituants des huiles et des graisses, formés par la réaction des trois groupes OH du glycérol avec des acides gras.

Pour en apprendre davantage

Si vous désirez en apprendre davantage sur les aspects scientifiques de la vie quotidienne, voici une liste de références utiles. Cette liste n'a pas la prétention d'être exhaustive mais recense des sources jugées particulièrement intéressantes.

Les sources générales, livres, magazines ou sites Web, traitent de sujets évoqués dans ce livre mais en abordent aussi de nombreux autres. Les sources spécifiques ne portent que sur les sujets abordés dans cet ouvrage. Il s'agit, le plus souvent, d'articles de revues de vulgarisation scientifique générale, comme *Québec Science*, *Pour la Science*, *La Recherche*, etc., ou de revues s'adressant à des enseignants ou à des chercheurs scientifiques, telles *The Physics Teacher*, *Chem Matters* ou *Journal of Chemical Education*. Ces revues moyennement spécialisées sont souvent disponibles dans les bibliothèques des écoles, collèges et universités.

Les sources générales

Les sites Web

- *How Stuff Works*. Un site fabuleux où on expose (en anglais) le fonctionnement des appareils de la vie quotidienne, comme les toilettes, le réfrigérateur, la jauge de pression, le stylo, l'arroseur, etc. Il intègre de nombreux schémas fort intéressants. Les champs d'intérêt touchent aussi les sciences biologiques et divers autres sujets.
www.howstuffworks.com/

- *How Things Work*. Un autre site incontournable (en anglais). Celui-ci est tenu par un professeur de l'Université de Virginie et porte sur une foule de questions, posées par ses élèves, concernant les aspects concrets de la physique. Des détails intéressants sur le four à micro-ondes, les lecteur de CD, les montagnes russes, les lasers, les trains à lévitation magnétique, les thermomètres, les photocopieurs, etc. Le site n'est pas illustré, ce qui est dommage, mais quel contenu !
http://rabi.phys.virginia.edu/HTW/home.html

- *The Last Word* est le titre d'une page publiée depuis plusieurs années dans l'excellent magazine britannique *New Scientist*. Cette chronique fascinante regroupe des questions posées par des lecteurs et les réponses envoyées par d'autres lecteurs, généralement des spécialistes. Sur le site Web du magazine, un outil de recherche permet de trouver les questions portant sur un sujet particulier. On peut aussi s'amuser à toutes les lire. Les questions portent sur tous les domaines de la vie quotidienne : les plantes et les animaux, la maison, le corps, les inventions et les gadgets, etc. Le magazine a aussi publié deux livres rassemblant une partie des questions (détails sur le site).
  http://www.newscientist.com/lastword/

- Site du magazine américain *Chem Matters* destiné aux étudiants de niveau secondaire (12 à 17 ans) et publié par l'American Chemical Society. Ce magazine aborde divers sujets concrets portant sur la chimie. Ses articles, de niveau très simple, sont fort intéressants. Quatre numéros de 16 pages sont publiés chaque année. Les numéros publiés depuis janvier 2000 sont disponibles.
  http://www.acs.org/education/curriculum/chemmatt.html

- Vous aurez aussi du plaisir à consulter les sites de divers magazines scientifiques ou les magazines eux-mêmes. Certains sites n'offrent que les sommaires, d'autres, le texte complet de certains articles.

  Le site du magazine *Québec Science* : **http://www.cybersciences.com**
  Le site de l'Agence Science-Presse : **http://www.sciencepresse.qc.ca**
  Le site du magazine *Pour la Science* : **http://www.pourlascience.com**
  Le site du magazine *La Recherche* : **http://www.larecherche.fr**
  Le site du magazine *New Scientist* : **http://www.newscientist.com**

Les livres

- Bloomfield, L.A., *How Things Work – The Physics of Everyday Life*, John Wiley & Sons, 1997, 706 p. Ce livre superbe écrit par le webmestre du site *How Things Work* présente des notions de physique et de chimie en s'inspirant de phénomènes de la vie quotidienne. Il s'adresse à des étudiants universitaires inscrits à des programmes non scientifiques, mais il intéressera tous les publics. Il s'agit d'une somme colossale, contenant un minimum d'équations mathématiques et touchant des sujets très divers : la roue, les montgolfières, les robinets, les avions, le vélo, les climatiseurs, les photocopieurs, etc.

- Macaulay, D., *Comment ça marche*, Larousse, 1989, 384 p. Dans un registre plus léger que le précédent et de lecture plus facile, ce livre aborde aussi de très nombreux sujets relevant de la physique et de la technologie. Il est abondamment illustré ; le texte accompagne et complète les illustrations, plutôt que l'inverse comme c'est habituellement le cas. Il est aussi très humoristique. Une réussite !
- Walker, J., *Le carnaval de la physique*, Dunod, 1980, 256 p. Bien que publié il y a plus de 20 ans, ce livre n'a pas pris beaucoup de rides. L'auteur, qui est professeur et chercheur en physique et a tenu durant longtemps une chronique dans le magazine *Scientific American* (traduite dans *Pour la Science*), propose plus de 600 questions reliées à la physique et portant sur des sujets concrets. Les réponses sont fournies.
- Snyder, C.H., *The Extraordinary Chemistry of Ordinary Things*, John Wiley & Sons, 1992, 692 p. Il s'agit d'un très beau livre d'introduction à la chimie au niveau fondamental et concret, ici aussi à partir d'observations pratiques et de liens avec la vie quotidienne.
- This, H., *Les secrets de la casserole*, Belin, 1993, 222 p. Ce livre fort intéressant porte sur la science des aliments et de la cuisine.
- McGee, H., *On Food and Cooking – The Science and Lore of the Kitchen*, Charles Scribner's Sons, 1984, 686 p. Sur le même thème que le précédent, cet ouvrage est plus complet et comporte d'intéressantes notions historiques.

Les sources spécifiques

Chapitre 1

L'ampoule électrique

- Abguegen, D., « L'ampoule électrique, une centenaire qui se porte bien », *La Recherche*, n° 97, févr. 1979, p. 196-198.
- MacIsaac, D., G. Kanner et G. Anderson, « Basic physics of the incandescent lamp », *Physics Teacher*, vol. 37, déc. 1999, p. 520-523.

Les vêtements et textiles

- Le superbe numéro thématique du magazine *Pour la Science*, « Fibres textiles et tissus biologiques » (n° 266, déc. 1999), contient des articles généraux et spécialisés sur l'histoire, la physique, la chimie et la biologie des textiles, ainsi que sur la technologie associée à leur fabrication.

La fermeture éclair

- Weiner, L., « La fermeture à glissière », *Pour la Science*, n° 70, août 1983, p. 30-37.

L'oreille et l'audition

- Pujol, R., « Le traitement du son dans l'oreille interne », *Pour la Science*, n° 154, août 1990, p. 20-29.

Chapitre 2

Le pain et l'amidon

- Bourdet, A., « La biochimie du pain », *La Recherche*, n° 74, janv. 1977, p. 37-46.
- This, H., *Les secrets de la casserole*, Éditions Belin, 1993, p. 163-173.
- Hoseney, R.C., « Chemical changes in carbohydrates produced by thermal processing », *Journal of Chemical Education*, vol. 61, n° 4, avril 1984, p. 308-312.
- Hancock, R.D. et B.J. Tarbet, « The other double helix – The fascinating chemistry of starch », *Journal of Chemical Education*, vol. 77, n° 8, août 2000, p. 988-992.

La séparation des mélanges de particules

- Rosato, A. et collaborateurs, « Why the Brazil nuts are on top: Size segregation of particulate matter by shaking », *Physical Review Letters*, vol. 58, n° 10, 9 mars 1987, p. 1038-1040.
- Jaeger, H.M. et S.R. Nagel, « La physique de l'état granulaire », *La Recherche*, n° 249, déc. 1992, p. 1380-1387.
- Barker, G. et M. Grimson, « The physics of muesli », *New Scientist*, 26 mai 1990, p. 37-40.
- P. Claudin, « Les tas de sable », *La Recherche*, n° 324, oct. 1999, p. 86-89.

Le yaourt

- Evans, G.D., « Yogurt », *Chem Matters*, vol. 7, n° 3, oct. 1989, p. 9-12.

Dentifrice et cosmétiques

- Snyder, C.H., *The Extraordinary Chemistry of Ordinary Things*, Wiley, 1992, ch. 21, « Cosmetics and personal care », p. 567-596.
- Anonyme, « Chemistry in oral health », *Journal of Chemical Education*, vol. 55, n° 11, nov. 1978, p. 736-737.
- Schamper, T., « Chemical aspects of antiperspirants and deodorants », *Journal of Chemical Education*, vol. 70, n° 3, mars 1993, p. 242-244.
- Sibley, L., « Lipstick », *Chem Matters*, vol. 3, n° 4, déc. 1985, p. 8-11.

L'or

- Libaude, J., « Le traitement des minerais d'or », *La Recherche*, n° 265, mai 1994, p. 546-554.
- Roucan, J.-P., « L'or, métal mythique », *Revue du Palais de la découverte*, n° 238, mai 1996, p. 31-38.

Chapitre 3

La neige et ses effets

- Site du National Snow and Ice Data Center américain : www-nsidc.colorado.edu/nsidc/education/snow/snow_FAQ.html

La pollution automobile

- Read, R. et C. Read, « Breathing can be hazardous to your health », *New Scientist*, 23 févr. 1991, p. 34-37.

Papier et stylo

- Cheradame, H., « La technologie du papier », *La Recherche*, n° 148, oct. 1983, p. 1236-1243.

Chapitre 4

Les œufs et leur cuisson

- McGee, H., *On Food and Cooking*, Charles Scribner's Sons, 1984, p. 54-71.
- De Pracontal, M., « L'œuf (qu'est-ce que c'est ?) », *Science & Vie*, n° 787, avril 1983, p. 57-63.
- Grosser, A.E., « Egg Cookery », *Chem Matters*, vol. 2, n° 4, déc. 1984, p. 4-8.

La répartition de la température dans un four à micro-ondes

- Steyn-Ross, A. et A. Riddell, « Standing waves in a microwave oven », *Physics Teacher*, vol. 28, oct. 1990, p. 474-476.

La digestion et la flatulence

- Rérat, A., « La physiologie de la digestion », *La Recherche*, n° 164, mars 1985, p. 308-317.
- Kluger, J., « What a gas », *Discover*, avril 1995, p. 40-43.

Chapitre 5

Les cristaux liquides

- Ondris-Crawford, R. et collaborateurs, « Liquid crystals, the phase of the future », *Physics Teacher*, vol. 30, sept. 1992, p. 332-339.
- Brown, G.H., « Liquid crystals – The chameleon chemicals », *Journal of Chemical Education*, vol. 60, nº 10, oct. 1983, p. 900-905.
- Musa, S., « Écrans à cristaux liquides », *Pour la Science*, nº 243, janv. 1998, p. 107

Neige et balles de neige

- Riley, F., « A snowball's chance », *New Scientist*, 14 janv. 1988, p. 45-48.

Les coussins gonflables

- Madlung, A., « The chemistry behind the air bag », *Journal of Chemical Education*, vol. 73, nº 4, avril 1996, p. 347-348.
- Gagnon, F., « Coussin gonflable : pourquoi il peut tuer », *Québec Science*, vol. 36, nº 2, oct. 1997, p. 8-9.

Chapitre 6

Réfrigérateur, réfrigérants et ozone

- Olivier, D., « A cool solution to global warming », *New Scientist*, 12 mai 1990, p. 42-45 (efficacité des réfrigérateurs).
- Fay, S. et A. Portenga, « Hey you ! Shut the refrigerator door ! », *Physics Teacher*, vol. 36, sept. 1998, p. 336-338 (effet de l'ouverture de la porte).
- Black, H., « Green refrigerants », *Chem Matters*, févr. 2000, p. 11-13. Disponible en ligne à http://www.acs.org/education/curriculum/chemmatt.html
- Tweddle, R., « Environmental issues – CFC alternatives », *Education in Chemistry*, janv. 1995, p. 17-19.
- Lower, S.K., « Thermal physics (and some chemistry) of the atmosphere », *Journal of Chemical Education*, vol. 75, nº 7, juillet 1998, p. 837-840.
- Aimedieu, P., « La querelle de l'ozone », *La Recherche*, nº 196, févr. 1988, p. 271-282.

Oignon et ail

- Block, E., « La chimie de l'ail et de l'oignon », *Pour la Science*, nº 91, mai 1985, p. 66-72.
- Allan, K., « On onions », *Harrowsmith*, sept.-oct. 1989, p. 87-95.
- Black, H., « Garlic : Strong aroma, strong effects », *Chem Matters*, vol. 13, nº 4, déc. 1995, p. 13-15.

Le sel de table

- Tyler, D.R., « Chemical additives in common table salt », *Journal of Chemical Education*, vol. 62, n° 11, nov. 1985, p. 1016-1017.

Chapitre 7

La marche humaine

- Adrian, M. J. et J. M. Cooper, *Biomechanics of Human Movement*, Brown & Benchmark, 1989, p. 181-188.
- Zihlman, A. et D. Cramer, « Human locomotion », *Natural History*, vol. 85, n° 1, janv. 1976, p. 65-68.
- Lehoucq, R., « Marchons avec entrain », *Pour la Science*, n° 276, oct. 2000, p. 106-107. Disponible en texte intégral dans Internet : http://www.pourlascience.com/numeros/pls-276/physique.htm.
- Ingram, J., *La science du quotidien*, Éditions MultiMondes, 1992, p. 117-125.
- Daufresne, S., « Porter sans effort ou le secret des femmes africaines », *La Recherche*, vol. 17, n° 178, juin 1986, p. 858-859.
- Lovejoy, C. O., « Quand l'Homme se leva… », *Pour la Science*, n° 135, janv. 1989, p. 64-65, 69-74.

Les légumes fermentés

- Oberg, C.J. et R.J. Brown, « Preservation by fermentation », *Journal of Chemical Education*, vol. 70, n° 8, août 1993, p. 653-656.

Le vin et ses larmes

- Dupuy, P., « La chimie du vin », *La Recherche*, n° 49, oct. 1974, p. 837-845.
- Etiévant, P. et S. Issanchou, « Le goût du vin », *La Recherche*, n° 193, nov. 1987, p. 1344-1353.
- *Sciences et Avenir*, numéro hors série n° 120 sur le vin, oct.-nov. 1999 (viticulture, cépages, terroirs, raisins, arômes, vinification, verres, tonneaux, bouchons…).
- Walker, J., « Pourquoi le vin pleure-t-il ? », *Pour la Science*, n° 69, juillet 1983, p. 117-123.

Huiles et graisses, beurre et margarine

- Oliver, W.R. et D.C. McGill, « Butter and margarine : their chemistry, their conflict », *Journal of Chemical Education*, vol. 64, n° 7, juillet 1987, p. 596-598.

Le brunissement des fruits

- Palmer, J.K., « Enzyme reactions and acceptability of plant foods », *Journal of Chemical Education*, vol. 61, n° 4, avril 1984, p. 284-289.

- This, H., « Comment éviter le noircissement des fruits et des légumes », *Pour la Science*, n° 223, mai 1996, p. 14.

Le chocolat

- Miller, J., « Chocolate », *Chem Matters*, avril 1987, p. 16-19.
- Pontillon, J., « La fabrication du chocolat », *Pour la Science*, déc. 1984, p. 58-66.

Les pigments des plantes et des fruits

- Alkema, J. et S.L. Seager, « The chemical pigments of plants », *Journal of Chemical Education*, vol. 59, n° 3, mars 1982, p. 183-186.

Chapitre 8

La pompe pour enlever l'air des bouteilles de vin

- Brevet du Vacu-Vin de Starfrit : brevet canadien n° 1245195 (consulter le site Web http://Patents1.ic.gc.ca/intro-f.html).

Les produits de nettoyage

- Dorrian, J., « Dissolving household chores », *Chem Matters*, vol. 15, n° 4, déc. 1997, p. 13-15.

Savon et détergents

- Wong, K. et D. Joubert, « Halte aux taches », *Pour la Science*, n° 266, déc. 1999, p. 102-107.
- Wood, C., « Detergents », *Chem Matters*, vol. 3, n° 2, avril 1985, p. 4-7.
- Karaborni, S. et collaborateurs, « Le ballet moléculaire de l'huile et du savon », *La Recherche*, n° 284, févr. 1996, p. 74-79.
- En collaboration, « Household soaps and detergents », *Journal of Chemical Education*, vol. 55, n° 9, sept. 1978, p. 596-597.
- En collaboration, « The chemistry of cleaning », *Journal of Chemical Education*, vol. 56, n° 9, sept. 1979, p. 610-611.

Les scellants

- Foster, V.R., « Polymers in caulking and sealant materials », *Journal of Chemical Education*, vol. 64, n° 10, oct. 1987, p. 861-865.

Chapitre 9

Le feu et la combustion

- Marsella, G., « Fireside dreams », *Chem Matters*, vol. 6, nº 4, déc. 1988, p. 13-15.
- Chevalier, G. et D. Castelnau, « Le feu », *La Recherche*, nº 290, sept. 1996, p. 86-89.
- Gardiner, W., « La chimie des flammes », *Pour la Science*, nº 54, avril 1982, p. 85-97.

La télévision

- Schoenbeck, R.J., *Electronic Video Systems*, Prentice-Hall, 1996.
- Schweber, W., *Electronic Communication Systems*, Prentice-Hall, 1996, p. 416-435.
- Williamson, S.J. et H.Z. Cummins, *Light and Color in Nature and Art*, Wiley, 1983, p. 399-415.

Les relations sexuelles

- Bodanis, D., *The Body Book*, Little, Brown and Company, 1984, p. 77-105 (physiologie), 123-126 (contraception).
- *La Recherche*, nº 213, sept. 1989, numéro spécial « La sexualité ».
- *Discover*, juin 1992, numéro spécial « The Science of Sex ».
- Gallagher, W., « The etiology of orgasm », *Discover*, févr. 1986, p. 51-59.
- Sauvé, M.R., « Les molécules de l'érection », *Québec Science*, vol. 31, nº 10, juillet-août 1993, p. 7-8.
- Kelly, D.A., « La mécanique de l'érection », *La Recherche*, nº 313, oct. 1998, p. 44-45.
- Fouquet, J.-P., « La construction du spermatozoïde : un échafaudage complexe », *La Recherche*, nº 223, juillet-août 1990, p. 956-958.
- Erickson, R.P., « La saga des spermatozoïdes », *La Recherche*, nº 169, sept. 1985, p. 1006-1016.

Liste d'unités de mesure et abréviations

ampère (A)
an (a)
atmosphère (atm)
bar (ne s'abrège pas)
bit (b)
centimètre (cm)
centimètre carré (cm^2)
centimètre cube (cm^3)
centimètre par seconde (cm/s)
degré (°)
degré Celsius (°C)
degré Fahrenheit (°F)
gigahertz (GHz)
gramme (g)
gramme par centimètre cube (g/cm^3)
hertz (Hz)
heure (h)
joule (J)
jour (j)
kilobit par seconde (kb/s)
kilogramme (kg)
kilojoule (kJ)
kilomètre (km)
kilomètre par heure (km/h)
kilopascal (kPa)
litre (l)
mètre (m)
mètre carré (m^2)
mètre cube (m^3)
mètre par seconde (m/s)
micromètre (µm)
microseconde (µs)
milliampère (mA)
milligramme (mg)
millilitre (ml)
millimètre (mm)
milliseconde (ms)
minute (min)
nanomètre (nm)
newton (N)
pascal (Pa)
picoampère (pA)
seconde (s)
tonne (t)
volt (V)
watt (W)

Index

C

D

E

L

M

N

O

P

Q

R

S